普通高等教育农业部"十三五"规划教材
普通高等教育农业部"十二五"规划教材
全国高等农林院校"十二五"规划教材

动物繁殖学实验实习教程

杨利国 主编

中国农业出版社

内容简介

本教材共设计了16个实验、10个实习，涉及马、牛（水牛、黄牛）、羊（绵羊、山羊）、猪、犬、兔、鸡、鼠等动物。如果以物种或持续的时间分类，实际涉及近30个实验、40个实习。主要内容包括动物生殖生理、繁殖技术、繁殖障碍控制和繁殖管理4个方面；共有插图100幅、表格13个。

本教材的内容主要依据生产实际，除供培养动物繁殖学专门人才外，还可用于指导畜牧生产。

编审人员名单

主　编　杨利国
副主编　薛立群　张居农
编　者（以姓名笔画为序）
　　　　　王杏龙（扬州大学）
　　　　　石德顺（广西大学）
　　　　　刘　耘（华中农业大学）
　　　　　许厚强（贵州大学）
　　　　　李拥军（扬州大学）
　　　　　李　莉（华南农业大学）
　　　　　杨利国（华中农业大学）
　　　　　张居农（石河子大学）
　　　　　幸宇云（江西农业大学）
　　　　　娜仁花（内蒙古农业大学）
　　　　　袁安文（湖南农业大学）
　　　　　黄志坚（福建农林大学）
　　　　　常仲乐（山东农业大学）
　　　　　章孝荣（安徽农业大学）
　　　　　董焕声（青岛农业大学）
　　　　　潘庆杰（青岛农业大学）
　　　　　薛立群（湖南农业大学）
审　稿　张忠诚（中国农业大学）
　　　　　桑润滋（河北农业大学）

前 言

动物繁殖学是动物科学专业重要的专业基础课,由动物生殖生理、繁殖技术、繁殖障碍控制和繁殖管理四部分组成,涉及动物种业(精液和胚胎)、兽药(动物生殖激素、不孕症防治药物)、电子和机械制造(繁殖调控、繁殖监控技术设备)等产业,理论与实践结合比较紧密;学科跨度较大,与发育生物学、低温生物学、内分泌学、生理学、生物化学等学科关系密切,因而教学的难度相对较大。

以往的实验或实习教学,目的只是让学生实践,至于能否提高实践能力,则取决于指导教师的课前讲解与示范,所以在每次实验或实习前,必须先由指导教师讲解、示范,并提出注意事项,然后再让学生按照步骤操作。正因为这种传统习惯,所以在编写实验实习教材时,一般只介绍目的意义、操作步骤、注意事项等,内容比较简单,几乎没有插图,学生预习时只需要记住操作步骤和注意事项。这种教学方式,一方面影响学生的学习兴趣,进而影响学习的主动性和积极性;另一方面,教学效果也受指导教师知识面和实践经验的影响。例如,进行直肠检查、人工授精、胚胎移植等生产实践性强的实验或实习时,如果指导教师实践经验不足,则很难突出重点,更难根据生产实际情况进行具体分析,因而达不到预期效果。此外,由于许多实验实习教材较少介绍实验或实习的原理,学生依样照搬者多,独立思考者少。

针对动物繁殖学实验和实习教学中存在的上述问题,为了提高教学效果,特别是提高学生的学习兴趣和主动性,在《动物繁殖学实验实习教程》的编写过程中,我们重点强调目的和原理,并设多项操作方法,可供学生选择并设计实验或实习。即让实验或实习者首先掌握实验或实习的主要目的或要解决的主要问题,明确目标;然后了解实验或实习的原理,便于学生依据原理和教材中提供的几种方法自行设计或选择实验实习内容和方法。例如,在家畜诱导发情和同期发情实习中,本教材列举了多种方法,实习者可根据牧场条件和已有的激素种类,选择其中一种方法,或几个同学各选其中一种方法,然后进行比较。至于实验或实习内容,有多种选择,各单位可根据实验或实习教学条件、所在地区的优势畜种等实际情况,选择安排。

本教材中实验与实习的主要区别在于场地、对象和目的。在实验室实施的内容为实验,一般以实验动物为实验对象,目的是加深对理论知识或技术原理的理解,提高实验室分析、检测技术的操作技能。实习是在生产单位或实验牧场实施的内容,一般以家畜或家禽为实习对象,除了达到实验的目的外,还可了解畜牧生产实际情况和产业行情。因此,各单位可根据实际情况取舍实验或实习内容,但要注意实验目的与实习目的的区别，实习必须与产业或行业即生产实际结合起来。在使用本教材时必须注意在每次实验或实习结束前，应告知下次实验或实习的动物种类，并要求学生依据教材编制实验或实习操作程序。

　　本教材在编写过程中，很多学界同仁提供了珍贵的图片（详见图注），突出了本教材的特点，在此一并表示感谢。

　　由于编者水平有限，难免有不足之处，恳请专家和读者赐教指正。

编　者

2014 年 7 月

　　注：该教材于 2017 年 12 月被评为"普通高等教育农业部'十三五'规划教材"[农科（教育）函〔2017〕第 379 号]。

目 录

前言

实验篇

实验一　动物生殖器官解剖构造观察 ... 3
实验二　动物生殖系统组织学切片观察 ... 12
实验三　孕马血清促性腺激素效价的生物学测定 ... 20
实验四　激素免疫学测定 ... 22
实验五　激素高效液相色谱测定 ... 30
实验六　精液品质常规评定 ... 37
实验七　各种动物精子超微结构的电镜观察 ... 40
实验八　精子顶体检查和存活时间及存活指数测定 ... 49
实验九　动物精液保存 ... 54
实验十　兔和鼠诱导发情与同期发情 ... 61
实验十一　家兔超数排卵与胚胎移植 ... 64
实验十二　兔和鸡人工授精 ... 68
实验十三　兔和鼠妊娠诊断 ... 74
实验十四　牛卵母细胞和早期胚胎形态学观察与分级 ... 77
实验十五　各种动物胎膜构造识别 ... 82
实验十六　兔和鼠诱导分娩 ... 88

实习篇

实习一　动物精液采集 ... 93
实习二　中小型动物常用发情鉴定方法 ... 99
实习三　家畜诱导发情与同期发情 ... 105
实习四　大家畜直肠检查与发情鉴定和妊娠诊断 ... 111
实习五　家畜超数排卵和胚胎移植 ... 118
实习六　适时输精技术 ... 125
实习七　超声波诊断技术 ... 130
实习八　家畜助产及仔畜产后护理 ... 135
实习九　家畜不孕不育症检查 ... 142
实习十　种畜禽场畜禽繁殖效率评定 ... 147

参考文献 ... 149

实验篇

實踐

实验一 动物生殖器官解剖构造观察

一、实验目的及要求

认识各种动物（牛、马、猪、羊、犬、猫、兔等）的生殖器官及其特点；了解雄性和雌性动物生殖器官结构与生理功能的关系，为更好地学习动物繁殖学基本知识、掌握动物繁殖技术奠定解剖学基础。

二、实验材料

1. 实物标本、模型 各种雄性和雌性动物生殖器官浸制标本、模型。所有标本要求是成年动物的。雌性动物的生殖器官要求是未孕的。
2. 实验图片 各种雄性和雌性家养动物生殖器官挂图或幻灯片。
3. 实验器械 大搪瓷方盘、解剖刀、剪刀、镊子、金属探针、卷尺、投影仪。

三、实验方法

（1）根据学生数量，分成若干小组。每小组配备各种家养动物的雄性和雌性生殖器官标本、模型及实验器械。
（2）教师利用实物标本、模型，结合挂图或幻灯片讲解各种雄性和雌性动物生殖器官的解剖结构、形态特点及在体内的自然位置，学生一边听讲，一边观察。

四、实验内容及步骤

（一）雄性动物生殖器官的观察
1. 雄性动物生殖器官的基本结构 雄性动物的生殖器官由睾丸、附睾、输精管、副性腺（包括前列腺、精囊腺和尿道球腺）、尿生殖道和阴茎构成（图 Y1-1 至图 Y1-7）。
2. 各种雄性动物生殖器官的结构及特点 各种雄性动物（马、牛、羊、猪、犬、猫和兔）生殖器官的结构及特点见图 Y-1 至图 Y1-7。
（1）睾丸：动物的睾丸成对，分别位于阴囊的两个腔内，其形状均为卵圆形或圆形，一侧有附睾附着，称为附睾缘，另一侧为游离缘。随动物种类不同睾丸的位置、大小有差别，其中以牛、羊、猪的睾丸相对较大。
马属动物的阴囊位于两股之间的腹股沟区；睾丸在阴囊内紧贴于腹壁上，其长轴与地面平行；附睾位于睾丸的背外缘，附睾头在前，尾在后。
牛的阴囊位于前腹股沟区，靠近两后腿，与其内的睾丸一起悬垂于腹壁之下；睾丸长轴

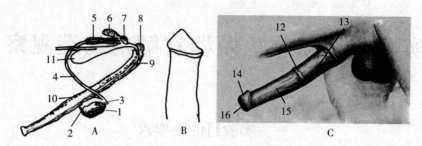

图 Y1-1 公马生殖系统
A. 公马生殖器官的基本结构 B. 公马阴茎龟头的形状 C. 公马生殖系统体视图
1. 睾丸 2. 附睾头 3. 附睾尾 4. 输精管 5. 输精管壶腹 6. 精囊腺 7. 前列腺 8. 尿道球腺 9. 尿生殖道
10. 阴茎 11. 膀胱 12. 包皮环 13. 包皮内板 14. 阴茎头 15. 阴茎游离体 16. 尿道

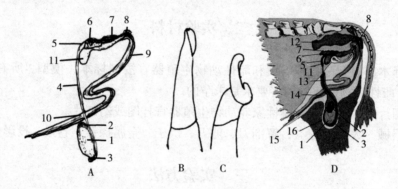

图 Y1-2 公牛生殖系统
A. 公牛生殖器官的基本结构 B. 交配前公牛阴茎龟头的形状
C. 交配后公牛阴茎龟头的形状 D. 公牛生殖系统立体图
1. 睾丸 2. 附睾头 3. 附睾尾 4. 输精管 5. 输精管壶腹 6. 精囊腺 7. 前列腺
8. 尿道球腺 9. 尿生殖道 10. 阴茎 11. 膀胱 12. 直肠 13. 阴茎S状弯曲
14. 阴茎收缩肌 15. 阴茎头 16. 阴囊

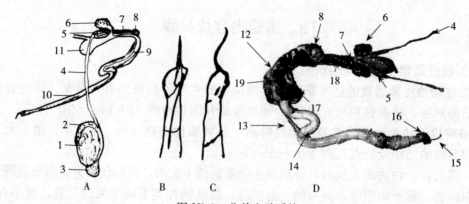

图 Y1-3 公羊生殖系统
A. 公羊生殖器官的基本结构 B. 公绵羊阴茎龟头的形状 C. 公山羊阴茎龟头的形状 D. 公绵羊生殖系统实物图
1. 睾丸 2. 附睾头 3. 附睾尾 4. 输精管 5. 输精管壶腹 6. 精囊腺 7. 前列腺 8. 尿道球腺
9. 尿生殖道 10. 阴茎 11. 膀胱 12. 球海绵体肌 13. 阴茎收缩肌 14. 阴茎S状弯曲
15. 丝状附件 16. 阴茎头 17. 坐骨海绵体肌 18. 尿道肌 19. 腿骨

实验一　动物生殖器官解剖构造观察

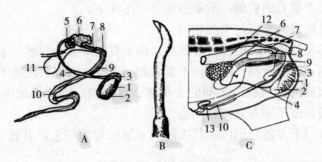

图 Y1-4　公猪生殖系统
A.公猪生殖器官的基本结构　B.公猪阴茎龟头的形状　C.公猪生殖系统模式图
1.睾丸　2.附睾头　3.附睾尾　4.输精管　5.输精管壶腹　6.精囊腺
7.前列腺　8.尿道球腺　9.尿生殖道　10.阴茎　11.膀胱　12.直肠　13.包皮

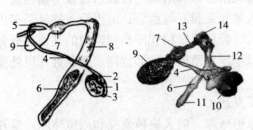

图 Y1-5　公犬生殖系统
1.睾丸　2.附睾头　3.附睾尾　4.输精管
5.输精管壶腹　6.阴茎骨　7.前列腺　8.阴茎
9.膀胱　10.阴囊　11.龟头　12.阴茎
13.尿道肌　14.球海绵体肌

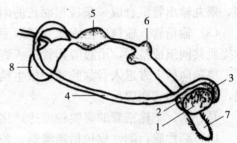

图 Y1-6　公猫生殖系统
1.睾丸　2.附睾头　3.附睾尾
4.输精管　5.前列腺　6.尿道球腺
7.阴茎　8.膀胱

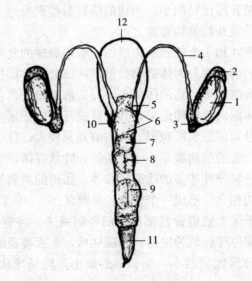

图 Y1-7　公兔生殖系统
1.睾丸　2.附睾头　3.附睾尾　4.输精管　5.输精管壶腹　6.精囊
7.精囊腺　8.前列腺　9.尿道球腺　10.旁前列腺　11.阴茎　12.膀胱

与地面垂直；附睾位于睾丸的后侧，附睾头在上，尾在下。

羊的阴囊及睾丸位置、形态与牛的相似。

猪的阴囊形态与马的相似，但位置靠后些，位于肛门下方会阴区；睾丸在阴囊内紧贴在腹壁上，其长轴倾斜，前低后高；附睾位于睾丸的前上缘，附睾头在前下方，尾在后上方。

犬的阴囊位于腹股沟区与肛门之间的中央部；睾丸较小，其长轴由后上方向前下方倾斜；附睾较大、坚硬，位于睾丸背侧和两边。

猫的阴囊位于肛门下方的会阴区；其内的睾丸紧贴在腹壁上，其长轴稍由后向上倾斜，位于睾丸背侧。

兔的阴囊位于股部后方、肛门两侧。睾丸的位置因年龄而不同，幼年时位于腹腔内，性成熟后通过腹股沟管下移到阴囊内。但兔的腹股沟管短而宽，且终身不封闭，因此，睾丸可自由地通过腹股沟管回移到腹腔中去。

（2）附睾：附睾位于睾丸的附着缘，分头、体、尾三部分：头膨大，由睾丸输出管相连接，睾丸输出管汇合成一条较粗而长的附睾管盘曲成附睾体和附睾尾，最后过渡为输精管。

（3）输精管：输精管由附睾管延续而来，进入睾丸系膜，与血管、淋巴管、神经、睾内体提肌共同组成精索，沿腹股沟管进入腹腔。进入腹腔后，输精管即和精索内的其他部分分开，单独向后上方进入骨盆腔通往尿生殖道，开口于尿生殖道骨盆部背侧，并在近开口处变粗，形成输精管壶腹。

马、牛、羊输精管的壶腹较发达，猪和猫则不发达。

（4）副性腺：副性腺包括精囊腺、前列腺和尿道球腺。但犬缺精囊腺和尿道球腺，猫和骆驼缺精囊腺。

①精囊腺：成对位于膀胱颈背面的两旁，输精管末端的两侧，与同侧的输精管形成射精管共同开口于尿生殖起始部的精阜上。

马的精囊腺呈梨形囊状，向后缩小成输出管。牛、羊、猪的精囊腺都是由致密的分叶腺体组织构成的。牛、羊的精囊腺比马的小，而猪的精囊腺特别发达。

②前列腺：位于膀胱尿道开始处精囊腺之后。

马的前列腺是由2个侧叶和1个峡部所构成的，形似蝴蝶的复管状腺，有许多排出管开口于精阜的两旁。牛和猪的前列腺分为体部和扩散部两部分。体部位于膀胱颈与骨盆尿道交界处，牛的为菱形，猪的为纽扣形。猪的体部小，而扩散部很大，包在骨盆尿道部尿道黏膜外面尿道海绵体肌间，由体部向后延伸而来，其腺管成行开口于尿生殖道内。羊的前列腺最不发达，仅有扩散部，而且为尿道肌所包围。犬的前列腺较大，位于耻骨前缘，呈球形环绕在膀胱颈及尿道的起始部。兔的前列腺是一个复杂的分叶状腺体，大致可分为五部分：前部是一个小的腺叶，后部有一对分叶甚多的浅裂状腺体，尿道的两侧为旁前列腺。后部的前列腺最发达，与前列腺囊密切相会，形成一个整体，呈囊状。

③尿道球腺：成对位于尿生殖道骨盆部出口的外侧两旁，各有1个排出管（马有7~8个）开口于尿道内。猪的尿道球腺最为发达，为圆柱状，上面覆盖的尿道球肌很薄，所以能看出它的分叶。马的尿道球腺比猪的小，牛、羊的最小，均呈球状，上面覆盖的尿道球肌较厚。

④旁前列腺：为兔所特有。位于精囊基部两侧，呈指状突起，长0.3~0.6cm，每侧3个，结构与尿道球腺相似，故又称前尿道球腺。

(5) 尿生殖道：尿生殖道是雄性动物的尿液和精液排出的共同管道，可分为骨盆部和阴茎部，以坐骨弓为界，在交界处管腔变窄，形成尿道峡部。阴茎部位于阴茎海绵体腹面的尿道沟内。在尿生殖道骨盆部的腹面正中线上做纵行切口，可以看到起始部尿道上壁有一圆形隆起的精阜，上有射精孔，是输精管和精囊腺的输出管共同形成的开口。前列腺的开口在其两侧，尿道球腺开口在其后。

(6) 阴茎：阴茎由阴茎根、阴茎体和龟头组成。阴茎借助于2个阴茎脚固定于坐骨弓，从这里开始，在两股之间沿着下腹壁走向脐部，龟头位于其末端。阴茎由2个阴茎海绵体和腹面的尿道海绵体组成，为阴茎的勃起组织。马的阴茎长而粗大呈扁圆柱状，龟头膨大（图Y1-1B），其前下侧有一龟头窝，内有尿道突；牛的阴茎在阴囊之后形成S状弯曲，并由阴茎伸缩肌固定于阴茎根上，交配时伸直，龟头上下较扁且前端有些扭转（图Y1-2B）；羊的阴茎与牛的相似，但比牛的细小，尿道突细长，呈蚯蚓状（图Y1-3B），绵羊的较长，山羊的较短；猪的S状弯曲在阴囊之前，其龟头呈螺旋状（图Y1-4B），上有一包皮盲囊；犬的阴茎构造特殊，在阴茎的后部有两个很发达的海绵体，阴茎正中有阴茎中隔，中隔前方有一块由海绵体骨化而成的阴茎骨，长8~10cm（图Y1-5），交配时不需勃起便可插入阴道内，阴茎头很长，分为圆柱状的龟头突和尖形的游离端，当阴茎插入阴道后，海绵体迅速充血膨胀，被母犬耻骨前缘卡住以致阴茎无法退出，只有射精结束，海绵体缩小，阴茎方能退出；猫的阴茎尖端朝向后方，龟头上有100~200个角化的小乳突，长度约0.75cm，朝向阴茎基部（图Y1-6），这种小乳突对诱发母猫排卵可能有一定的作用；兔的阴茎呈圆柱状，前端游离部稍弯曲，无膨大的龟头（图Y1-7），静息状态时缩在包皮内，交配时勃起伸出包皮。

(二) 雌性动物生殖器官的观察

1. 雌性动物生殖器官的基本结构 雌性动物的生殖器官由内生殖器官和外生殖器官构成。内生殖器官包括卵巢、输卵管、子宫和阴道，外生殖器官包括尿生殖前庭、阴唇和阴蒂。

内生殖器官位于腹腔和骨盆腔内，上面为小结肠和直肠，下面为膀胱，前下方为小结肠和大结肠。子宫颈以前的内生殖器官，靠子宫韧带连到腹腔背侧。子宫颈以后的各部分，靠结缔组织及脂肪固定在骨盆腔侧壁上。

2. 各种雌性动物生殖器官的形态特点 各种雌性动物（马、牛、羊、猪、犬、猫和兔）生殖器官的形态特点见图Y1-8至图Y1-14。

(1) 卵巢：动物的卵巢由卵巢系膜悬吊在腹腔的腰部、肾的后方。

马的卵巢呈蚕豆形或肾形，卵巢系膜附着缘宽大，游离缘内陷形成排卵窝，为马属动物所特有。根据发情周期的不同时期，卵巢直径为3~7cm不等。由于卵泡发育，卵巢的外形也随之改变，带有黄体的卵巢体积虽然增大，但外形变化不明显。成熟的卵泡从排卵窝排出卵子后，首先形成红体（血凝块），在黄体组织初形成时，呈皱襞状包着红体。然后在黄体的形成过程中，红体逐渐被吸收。老黄体的体积缩小，一端指向排卵窝。

牛的卵巢呈扁椭圆形，位于两侧子宫角尖端的外侧下方，耻骨前缘附近。其形状为卵圆形，卵巢平均长2~3cm，宽1.5~2cm，厚1~1.5cm。排卵后多不形成红体，黄体往往凸出于卵巢表面。

羊的卵巢位于两侧子宫角尖端的外侧下方，耻骨前缘附近，形状比牛的圆而小，长1~1.5cm，宽、厚0.8~1.0cm。

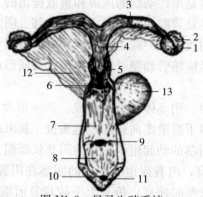

图 Y1-8　母马生殖系统

1. 卵巢　2. 输卵管漏斗　3. 子宫角　4. 子宫体　5. 子宫颈　6. 子宫颈外口　7. 阴道
8. 阴道前庭　9. 尿道外口　10. 阴蒂　11. 阴唇　12. 子宫阔韧带　13. 膀胱

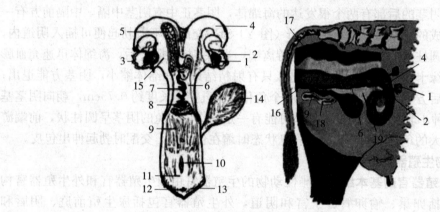

图 Y1-9　母牛生殖系统

1. 卵巢　2. 输卵管　3. 输卵管漏斗　4. 子宫角　5. 子宫阜　6. 子宫颈　7. 子宫颈外口
8. 子宫颈管　9. 阴道　10. 尿道外口　11. 阴道前庭　12. 阴蒂　13. 阴唇
14. 膀胱　15. 子宫阔韧带　16. 阴户　17. 直肠　18. 骨盆　19. 阔韧带

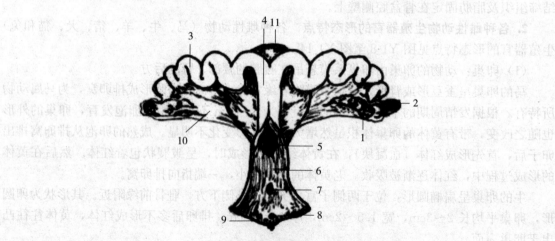

图 Y1-10　母猪生殖系统

1. 卵巢　2. 输卵管　3. 子宫角　4. 子宫体　5. 子宫颈
6. 阴道　7. 尿道外口　8. 阴蒂　9. 阴唇　10. 子宫阔韧带　11. 膀胱

图 Y1-11 母羊生殖系统
1. 卵巢 2. 输卵管漏斗 3. 输卵管 4. 子宫角
5. 子宫阜 6. 子宫颈外口 7. 阴道 8. 尿道外口
9. 阴蒂 10. 阴唇 11. 子宫阔韧带 12. 膀胱

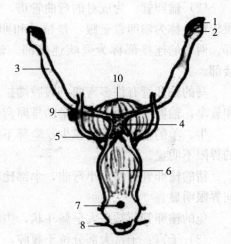

图 Y1-12 母犬生殖系统
1. 卵巢 2. 输卵管 3. 子宫角 4. 子宫体
5. 子宫颈管 6. 阴道 7. 尿道外口 8. 阴蒂
9. 输尿管 10. 膀胱

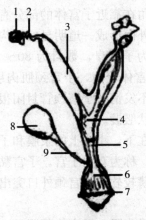

图 Y1-13 母猫生殖系统
1. 卵巢 2. 输卵管 3. 子宫角
4. 子宫体 5. 子宫颈 6. 阴道
7. 前庭 8. 膀胱 9. 输尿管

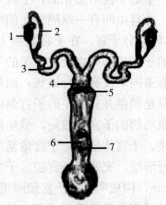

图 Y1-14 母兔生殖系统
1. 卵巢 2. 输卵管 3. 子宫角
4. 子宫体 5. 子宫颈
6. 阴道 7. 尿道外口

猪有发达的卵巢囊，卵巢和输卵管有时包在卵巢囊内。卵巢体积和形状随着机体的发育而改变。初生仔猪卵巢形似肾脏，一般是左侧稍大，约 5mm×4mm，右侧为 3mm×4mm；在接近性成熟时，由于卵巢上有许多的小卵泡，体积增大成 2cm×1.5cm，形状类似桑葚；达到性成熟时，卵巢上有许多大卵泡、红体及黄体，很像一串葡萄，此时卵巢体积最大。

犬的卵巢较小，呈扁平的长卵圆形，位于左右子宫角的前端，无明显的卵巢门，但卵巢囊较大，包围整个卵巢，在囊的腹侧有一裂口接输卵管。性成熟后，卵巢表面因为有不同发育时期的卵泡，所以凹凸不平。

猫的卵巢与犬的相似，位于两子宫角的前端，大部分被卵巢囊所覆盖。

兔的卵巢呈卵圆形，色淡红，位于两子宫角的前端，表面颗粒状突起为成熟的卵泡。

(2) 输卵管：为成对的弯曲管道，从卵巢附近开始延伸到子宫角尖端。输卵管的前 1/3 段较粗，称为输卵管壶腹，是精子和卵子结合受精的部位；后 2/3 段变细，称为输卵管峡部。两者的连接部称为壶峡连接部。输卵管的子宫端和子宫角尖端相连接，称为宫管连接部。

马的输卵管有许多弯曲，腹腔端扩大呈漏斗状，其边缘不整齐，形成许多皱襞，称为输卵管伞，输卵管伞附着在卵巢的排卵窝旁边。卵巢囊比较发达，宫管连接部界限明显。

牛、羊的输卵管弯曲较少，伞部不发达，由于子宫角尖端细，所以输卵管和子宫角之间的界限不明显。

猪的输卵管有许多小弯曲，伞部比较大，其开口接近卵巢囊的底部。输卵管和子宫角之间界限明显。

兔的输卵管前端扩大呈漏斗状，边缘形成不规则的瓣状褶，为输卵管伞。

(3) 子宫：子宫大部分位于腹腔，少部分位于骨盆腔内，前接输卵管，后接阴道，借助于子宫阔韧带悬于腰下。子宫分为子宫角、子宫体、子宫颈三部分。子宫角有大、小两个弯，大弯游离，小弯供子宫阔韧带附着。

牛、羊、马、猪、犬、猫和兔等动物的子宫形态有所不同，可分为双分子宫、双角子宫和双子宫三种类型。

牛、羊的子宫形态相似，子宫角弯曲如绵羊角，两子宫角在靠近子宫体的部分有一段彼此相连，并且中间有一纵隔将它们的腔体分开，因此在子宫外面形成一道明显的纵沟（角间沟），称为双分子宫。在子宫黏膜上有特殊的突起结构，称为子宫阜，数目为 80~120 个。牛和羊的子宫阜不同之处在于羊的子宫阜中央有一凹陷。子宫体较短，子宫颈肌肉层发达，子宫颈管道内不仅有纵行皱襞，而且还有大而横行的皱襞，不发情时子宫颈管封闭很紧，发情时也只是稍微开放。牛的子宫颈阴道部粗大，黏膜有放射状皱襞。

马属动物的子宫角较短，呈扁圆筒状，小弯在上，大弯在下，小弯上的浆膜和子宫阔韧带相连接。子宫体较长，子宫角基部没有牛、羊那样的纵隔，称为双角子宫。子宫黏膜上有大量纵行皱褶，充塞于子宫腔。子宫颈比牛短而细，壁也较薄较软，子宫颈外口突出于阴道腔 2~4cm，构成明显的子宫颈阴道部。

猪的子宫也属于双角子宫，其子宫角形成很多弯曲，很像小肠，子宫体不明显。子宫黏膜也形成皱襞，充塞于子宫腔。子宫颈的前方与子宫体、后方与阴道均没有明显的界限，而是逐渐地过渡，因此没有子宫颈阴道部。

犬、猫的子宫属双角子宫，子宫角细长而直，子宫体短，子宫颈也很短。

兔有 2 个子宫体、2 个子宫角和 2 个子宫颈，2 个子宫颈都独立开口于阴道前端，属双子宫类型。

(4) 阴道：为雌性交配器官，也是胎儿娩出的通道。阴道腔为扁平的缝隙，前端子宫颈阴道部突入其中，后端和尿生殖前庭之间以尿道外口、阴瓣为界。子宫颈阴道部周围的阴道腔称为阴道穹窿。猪无阴道穹窿；犬的阴道较长，前端变细，无明显的穹窿，阴道黏膜形成许多纵行的皱褶。

(5) 外生殖器官：包括尿生殖前庭、阴唇和阴蒂。

①尿生殖前庭：是指从阴瓣到阴门裂的部分。前庭两侧壁的黏膜下层有前庭大腺，发情时分泌增强，但犬缺少前庭大腺，仅有一对前庭小腺。

②阴唇：阴唇分左右两片而构成阴门，两片阴唇的上端及下端联合起来形成阴门上角和下角。马、兔的阴门上角较尖，阴门下角较圆；牛、羊、猪、犬的相反，下角较尖，呈锐角。

③阴蒂：在阴门下角内包含有球形凸起物即阴蒂，由勃起组织（海绵体）构成，有丰富的感觉神经分布。犬、兔的阴蒂较大。

五、作　业

（1）分别说明雄性动物和雌性动物生殖器官的基本结构，并分别绘出一种雄性动物和一种雌性动物的生殖器官模式图。

（2）通过观察和比较，说明牛、羊、猪、马、犬、猫和兔的雄性和雌性生殖器官的形态构造特点。

六、思　考　题

（1）单胎动物与多胎动物的生殖器官有何差异？
（2）动物生殖器官在两性别之间有何异同点？

（章孝荣　编）

实验二　动物生殖系统组织学切片观察

一、实验目的及要求

了解各种动物生殖系统主要生殖器官（包括睾丸、附睾、卵巢、子宫、输卵管等）的组织结构及其形态；理解精子发生过程与形态以及卵子发生和卵泡发育过程与形态的关系；掌握依据组织切片观察判断所测组织对应的物种、性别、性腺种类的方法。

二、实验原理

生殖系统由性腺和生殖道构成。性腺包括睾丸（雄性性腺）和卵巢（雌性性腺），分别是雄性动物产生精子和雄激素、雌性动物产生卵子和雌激素、孕激素及其他蛋白质激素的主要器官；生殖道包括输精管、阴茎、输卵管、子宫等。

性腺的生理机能涉及精子发生、卵泡发育和卵子发生，了解性腺的组织结构特点，可以推测生殖活动功能；生殖道的生理机能主要是运输生殖细胞及内分泌作用。由于不同动物的性腺和生殖道大小有差异，同种动物不同性腺、不同生殖道的功能不一样（如睾丸中有精子、卵巢中有卵泡等），所以可以依据组织切片判断物种或生殖器官种类。

三、实验材料

1. 实验模型及图片　各种动物睾丸、附睾、输精管、卵巢、输卵管、子宫等组织切片及其图片或幻灯片。

2. 实验器械　显微镜、幻灯机或投影仪。

四、实验方法

教师先结合投影讲解动物睾丸、卵巢组织学及精子发生、卵泡发育过程，使学生对动物睾丸、卵巢组织学结构及精子发生、卵泡发育过程有初步的了解。然后在显微镜下观察各种动物睾丸、卵巢、子宫、输卵管组织切片。

五、实验内容及步骤

（一）睾丸的组织学观察

1. 低倍镜观察

（1）被膜：除附睾缘外，睾丸的表面均覆盖着一层浆膜，即睾丸固有鞘膜。浆膜深面为白膜。白膜厚而坚韧，由致密的结缔组织构成。在睾丸头处，白膜的结缔组织伸入睾丸实质内形成睾丸纵隔。马的睾丸纵隔仅局限于睾丸头部，其他家畜的睾丸纵隔贯穿睾丸的长轴。睾丸小隔是自睾丸纵隔上分出的许多呈放射状排列的结缔组织隔，可伸入到睾丸实质内，将睾丸实质分成许多锥形的睾丸小叶（图Y2-1）。

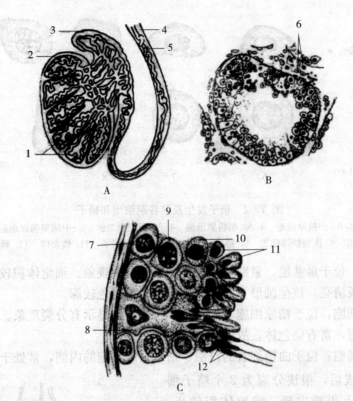

图 Y2-1 睾丸曲精细管和生精上皮各组分在曲精细管壁的分布
A. 睾丸及其曲精细管 B. 曲精细管横断面 C. 生精上皮各组分在曲精细管壁的分布
1. 曲精细管 2. 白膜 3. 附睾 4. 精索 5. 输精管 6. 间质细胞 7. 精原细胞
8. 支持细胞 9. 初级精母细胞 10. 次级精母细胞 11. 精子细胞 12. 精子

猪的睾丸小隔发达。牛、羊的睾丸小隔薄而不完整。

（2）实质：睾丸的实质由精细管、睾丸网和间质组织组成。每个睾丸小叶内，有2～3条精细管，精细管之间为间质组织。精细管在睾丸纵隔内汇成睾丸网。睾丸网在睾丸头处接睾丸输出小管。

（3）睾丸小叶：由中隔将睾丸实质分成许多基部向外、顶端向内的锥形小叶，每个小叶由2～3条盘曲的曲精细管及血管和间质细胞组成。

（4）曲精细管：曲精细管直径约 $200\mu m$，管壁自外向内由同心圆状排列的结缔组织、基膜和复层上皮构成。上皮细胞成层地排列在基膜上，可分为生精细胞和支持细胞两种。

（5）睾丸纵隔和中隔：睾丸纵隔为睾丸白膜从睾丸头端伸向睾丸实质部的结缔组织索，向四周发出许多放射状的结缔组织小梁，即睾丸中隔。猪的睾丸中隔较发达，牛、羊的薄而不完整。

2. 高倍镜观察

（1）精子发生过程中的各类细胞：在精子发生过程中，精子由 A1、A2、A3、A4 型精原细胞发育成中间型精原细胞后，变成 B 型精原细胞，然后形成初级精母细胞、次级精母细胞和精子细胞，最后形成精子，并释放残余体（图 Y2-2）。

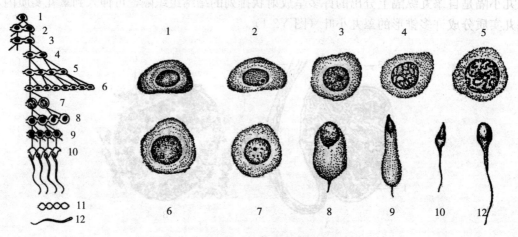

图 Y2-2　精子发生及其各期细胞和精子
1. A1 型精原细胞　2. A2 型精原细胞　3. A3 型精原细胞　4. A4 型精原细胞　5. 中间型精原细胞　6. B 型精原细胞
7. 初级精母细胞　8. 次级精母细胞　9. 精子细胞　10. 将形成的精子　11. 残余体　12. 释放的成熟精子

①精原细胞：位于最基层，紧贴基膜，常显示有分裂现象。细胞体积较小，呈多边形或圆形，细胞质比较清亮，核呈圆形，富有染色质，因而着色较深。

②初级精母细胞：位于精原细胞上面，排成几层，常显示有分裂现象。细胞呈圆形，体积较大，核呈球形，富有染色体，故着色较深。

③次级精母细胞：位于曲精细管的浅层、初级精母细胞的内侧，常处于分裂状态，由于次级精母细胞形成后，很快分裂为 2 个精子细胞，因而在切片上很难发现。细胞体积较小，呈圆形，与初级精母细胞相似。细胞核为球形，染色质呈细粒状，不见核仁。

④精子细胞：由次级精母细胞分裂而成，位于精母细胞内侧，靠近曲精细管的管腔，常排列成数层，并且多密集在支持细胞游离端的周围。细胞呈圆形，体积更小，细胞质少，含有许多线粒体以及明显的高尔基体和中心体，有时在核旁的高尔基体区内可见顶体粒。核小、呈球状，染色深，核仁清晰。

（2）支持细胞：又称 Sertoli（塞托利）细胞或足细胞，体积较大而细长，但数量较少，为高柱状或锥状细胞，属于体细胞，呈辐射状排列在曲精细管中，其侧面嵌含各个发育阶段的生精细胞，其底部附着在曲精细管的基膜上，游离端一直伸达精细管的管腔，常镶嵌有许多精子（图 Y2-3）。

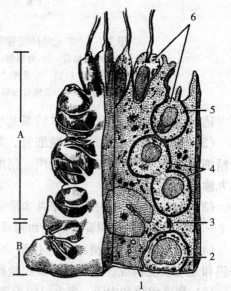

图 Y2-3　支持细胞超微结构
A. 细胞顶部　B. 细胞基部
1. 基膜　2. 精原细胞　3. 紧密连接　4. 精母细胞
5. 支持细胞与生精细胞间的细胞间隔　6. 精子细胞

(3) 间质细胞：又称莱氏（Leydig）细胞，体积较大，分布于曲精细管之间，近似卵圆形或多角形，胞质嗜酸性，核大而圆。

（二）附睾的组织学观察

曲精细管在各小叶的顶端先各自汇合成直精细管，穿入睾丸纵隔结缔组织内所形成的弯曲导管网，称为睾丸网（马无此结构），为精细管的收集管道。睾丸网又分出12~15条睾丸输出管，汇入附睾头，形成附睾管，经附睾体、附睾尾最后过渡为输精管（图Y2-4）。

附睾的表面覆盖着一层由结缔组织构成的白膜。白膜的结缔组织伸入附睾内，将附睾分成许多小叶。附睾由睾丸输出小管和附睾管组成。

1. 睾丸输出小管 睾丸输出小管是从睾丸网发出的小管，有12~25条，构成睾丸头，并与附睾管连通。睾丸输出小管的管壁很薄，由高柱状纤毛细胞群与无纤毛的立方细胞群相间排列组成。由于上皮细胞高矮不等，所以管腔面起伏不平。上皮细胞位于基膜非活动细胞表面，基膜外为薄层的固有膜。立方细胞有分泌功能，朝附睾方向摆动，有利于精子朝附睾管方向运动。

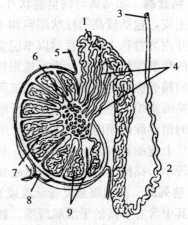

图 Y2-4 睾丸与附睾结构
1. 附睾头 2. 附睾尾 3. 输精管
4. 输出小管 5. 鞘膜 6. 睾丸网
7. 睾丸小隔 8. 睾丸白膜 9. 精细管

2. 附睾管 附睾管是1条长而弯曲的细管，管壁由环形平滑肌纤维和假复层柱状纤毛细胞及基底细胞组成，柱状细胞有分泌作用，基底细胞紧贴基膜，外形为圆形或卵圆形，染色较浅，核呈球形，精子在附睾管内借助分泌液、纤毛运动和管壁蠕动来运行。

（三）输精管的组织学观察

输精管的管壁较厚，由固有膜、肌层、浆膜下层和浆膜组成（图Y2-5）。输精管壶腹部为输精管的有腺部分，在固有膜内，有分支的管泡状腺体。腺上皮为单层立方或柱状上皮，夹有基底细胞。牛和羊的腺上皮细胞和基底细胞内常有脂滴。

1. 固有膜 输精管的固有膜有纵行皱褶，膜上皮由假复层柱状上皮逐渐过渡到单层柱状上皮。在输精管前段，假复层柱状上皮内的柱状细胞有微绒毛；基底细胞紧贴基膜，多呈圆形和卵圆形。固有膜由疏松结缔组织构成，富有血管及弹性纤维。

2. 肌层 输精管的肌层较发达，由平滑肌组成。马、牛和猪有环行、斜行和纵行肌，分层不明显。羊只有内环行和外纵行两层平滑肌。

3. 浆膜下层 为一层富含血管和神经的

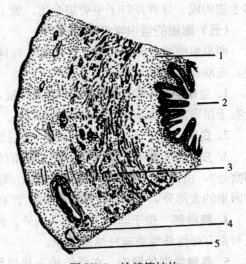

图 Y2-5 输精管结构
1. 固有膜 2. 管腔 3. 肌层 4. 浆膜下层 5. 浆膜

疏松结缔组织。

4. 浆膜　为输精管最外层薄膜。

(四) 副性腺的组织学观察

1. 精囊腺　除马属动物呈囊状外，其他家畜均为复管状腺或管泡状腺。腺上皮为假复层柱状上皮，包括较高的柱状细胞和小而圆的基底细胞。基底细胞数量少，稀疏地排列在基膜上，叶内导管和主排泄管衬以单层立方上皮（马为复层柱状上皮）。

马的精囊腺肌层较薄，为不规则排列的平滑肌层。外膜为疏松结缔组织。

猪的精囊腺外面覆盖结缔组织被膜，被膜的结缔组织伸入腺内，将腺体分成许多小叶。小叶间结缔组织内还分布有平滑肌纤维，腺腔较宽阔。

牛的精囊腺被膜内含有丰富的平滑肌纤维，并伸入到腺实质，将腺体分为许多小叶。腺泡的柱状上皮细胞内含有小的脂滴，基底细胞则含有大的脂滴，以致核被挤到边缘部。羊的精囊腺较小，结构与牛相似，但基底细胞内无脂滴。

2. 前列腺　前列腺是复管状腺或复管泡状腺（反刍动物），其外面包有较厚的结缔组织被膜，其中含有丰富的平滑肌纤维。被膜的结缔组织伸入腺内，将腺体分成若干小叶。小叶间结缔组织含有多量的平滑肌纤维，这是前列腺结构的特点之一。

前列腺腺泡有较大的腺腔，腔面不整齐，上皮高低不一，呈立方、柱状或假复层柱状等，显示各种不同的分泌活动状态。前列腺的叶内导管上皮与腺泡上皮相似，不易区分，随着导管逐渐增粗，导管上皮也由单层柱状过渡为复层柱状，在尿生殖道的开口处，导管上皮变为变移上皮。

马的前列腺大导管有宽阔而不太规整的腔，此种导管常被称为中央集合窦。

3. 尿道球腺　尿道球腺为复管状腺（猪）或复管泡状腺（马、牛、羊），腺体外面覆盖着结缔组织的被膜。

牛的被膜全部由结缔组织构成，其他动物的被膜内含有平滑肌，马还含有横纹肌。被膜中的结缔组织和肌纤维还伸入到实质内将腺体分为若干小叶。

腺小叶中有许多细、弯曲而分支的复管泡状腺，其小导管为单层柱状上皮，大导管由变移上皮构成。导管开口于中央集合窦，腺上皮为单层柱状细胞，偶见基底细胞。

(五) 卵巢的组织学观察

卵巢组织涉及卵泡、黄体、白体、血体及其他结缔组织（图 Y2-6），分为生殖上皮、白膜、皮质和髓质等部分。

1. 生殖上皮　位于卵巢皮质的最外层，由单层立方上皮细胞组成。马卵巢表面上皮仅分布于排卵窝。其余部分被浆膜覆盖。

2. 白膜　位于生殖上皮下面的一薄层致密结缔组织。

3. 皮质部　位于白膜下面，是卵巢的外周部分（马例外，皮质部位于卵巢中央靠近排卵窝处），由许多大小不等的发育卵泡、闭锁卵泡、少量黄体以及致密的结缔组织所构成，占卵巢的大部分，与髓质无明显界限，含有卵泡和颗粒细胞。

4. 髓质部　位于卵巢中央（马例外，髓质部在卵巢周围），内含有许多细小的血管、神经和富有弹性纤维的疏松结缔组织。

5. 各种类型的卵泡　在低倍镜下找出卵巢表面上皮和白膜，区分卵巢的皮质部和髓质部，挑选较清楚的各种卵泡部位，移至高倍镜下观察。

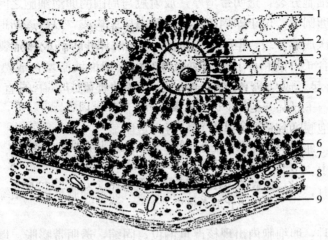

图 Y2-6 成熟卵泡卵丘结构
1. 卵泡液 2. 放射冠 3. 卵细胞 4. 核 5. 透明带
6. 颗粒层 7. 基膜 8. 卵泡内膜 9. 卵泡外膜

(1) 原始卵泡：位于皮质部最外层，呈球形。初级卵母细胞位于中央，周围包有一单层扁平的卵泡（颗粒）细胞。卵母细胞的体积比较大，中央有一个圆形的泡状核，核内染色质稀少，着色较浅，核仁明显。卵泡细胞体积小，核扁圆形，着色深。原始卵泡中的卵母细胞是由卵原细胞经过多次分裂增殖，最后停止于第 1 次成熟分裂前期的双线期的初级卵母细胞。所有的原始卵泡在出生前就已形成，并处于储备状态而未再发育，常常在皮质外周成群地出现，故称为原始卵泡库。据估计，一头初生牛犊卵巢中有大约 75 000 个原始卵泡。

(2) 初级卵泡：为圆球状的细胞聚合体。每个卵泡之中都会有一个卵母细胞，直径为 30~50μm，周围包着一层立方或柱状的卵泡细胞。初级卵泡卵母细胞体积较大，中央有个圆形的泡状核，核内染色质稀少，着色较浅，核仁明显。细胞质中除含有少量线粒体和高尔基复合体以外，还含有少量卵黄颗粒。

(3) 次级卵泡：初级卵泡生长和发育，即成为次级卵泡。卵母细胞体积基本不变，但外围的卵泡（颗粒）细胞生长，体积增大。卵母细胞由多层颗粒细胞包围，其外形成卵泡膜。卵母细胞和颗粒细胞共同分泌黏多糖，聚集在颗粒细胞与卵黄膜之间形成透明带，并由颗粒细胞长出绒毛伸入到透明带内，但此时尚未出现卵泡腔，也称腔前卵泡。

(4) 三级卵泡：卵泡体积增大，颗粒细胞之间有液体形成并将它们分开，形成许多小卵泡腔。小卵泡腔逐渐合并为不规则的大卵泡腔。随着卵泡液的增多，卵泡腔进一步扩大，卵母细胞被挤向卵泡的一侧，并被包裹在一团颗粒细胞中，形成突出于卵泡腔的半岛，称为卵丘（图 Y2-6）。其中初级卵母细胞逐渐发育增大，细胞质中卵黄颗粒增多。透明带周围的颗粒层细胞呈放射状排列，称为放射冠。在卵泡基膜外形成两层卵泡膜，即血管性内膜和纤维性外膜。

(5) 成熟卵泡：也称 Graafian 卵泡，体积很大，贯穿于卵巢的皮质部，突出于卵巢表面，卵泡腔中充满卵泡液。初级卵母细胞成熟，核呈空泡状，染色质很少，核仁明显，细胞质内富含卵黄颗粒。卵泡膜的内外两层界限明显，内膜增厚，内膜细胞肥大，类脂质颗粒增多。由于卵泡液的增多、卵泡腔的扩大，颗粒层随之变薄，细胞排列整齐。为适于卵细胞的排出，有时可见到细胞分裂，透明带增厚，放射冠与周围的卵泡细胞之间出现裂缝，彼此的联系松弛。极体呈卵圆形，位于卵周隙内，主要由核质构成，以后逐渐退化。所形成的次级卵母细胞开始第2次成熟分裂，但至中期（M2期）时休止，其成熟分裂的恢复并完成是在受精过程中，产生合子（受精卵）和第二极体。由于卵泡液激增，成熟卵泡的体积显著增大，向卵巢表面隆起。成熟卵泡的大小，因动物种类而异，牛的直径约15mm，马约70mm，羊、猪为5～8mm。

成熟卵泡的卵泡膜达到最厚，内外两层分界更明显。

（6）闭锁卵泡：卵巢内各个发育阶段逐渐退化的卵泡称为闭锁卵泡，退化的卵母细胞存在于未破裂的卵泡中。

初级卵泡退化时，卵细胞先萎缩，透明带皱缩，卵泡细胞离散，结缔组织侵入卵泡内形成瘢痕。

次级卵泡退化时，卵细胞内出现核严重偏位、固缩，透明带膨胀、塌陷；颗粒层细胞松散、萎缩并脱落进入卵泡腔内；卵泡液被吸收，卵泡壁塌陷，卵泡膜内层细胞增大，呈多角形。

（六）黄体的组织学观察

牛、羊、猪的黄体位于卵巢皮质，突出于卵巢表面，马的黄体则完全埋藏在卵巢基质内。黄体由粒性黄体细胞和膜性黄体细胞组成，粒性黄体细胞占多数，多位于黄体中部，细胞呈多面体，着色浅，排列紧密，含有球形细胞核；膜性黄体细胞体积较小，多位于黄体外周，围绕在粒性黄体细胞的周围或其间，核占胞体的大部分，核与胞质染色较深。黄体的中央有结缔组织。

（七）输卵管的组织学观察

输卵管的管壁由黏膜、肌膜和浆膜三层构成，肌膜有环肌和纵肌两种形式（图Y2-7）。

1. 黏膜 由上皮和固有膜构成。黏膜形成若干初级纵襞，在壶腹部又分出许多次级纵襞。适于卵的停留、吸收营养和受精。皱褶多少，各部不一，以壶腹部最多，且反复分支。近子宫端，皱褶变低而减少。猪和马的黏膜皱褶最发达，反刍动物较少。

（1）黏膜上皮：通常为单层柱状上皮，在伞部和壶腹部的纤毛较高，延向子宫端逐渐变低。纤毛向子宫端颤动，有助于卵子的运送。分泌细胞含有分泌颗粒和糖原，其分泌物可供卵子营养。

在猪和反刍动物中，部分黏膜上皮是假复层柱状上皮。上皮细胞有两种：一种是有纤毛的柱状细胞；另一种是无纤毛的分泌细胞，二者相间排列。柱状纤毛细胞的纤毛向子宫端颤动，有助于卵的运送。这种细胞在漏斗部和壶腹部较多，在峡部较少。无纤毛的分泌细胞，细胞质内含有分泌颗粒和糖原，其分泌物可供给卵营养。在发情周期中，

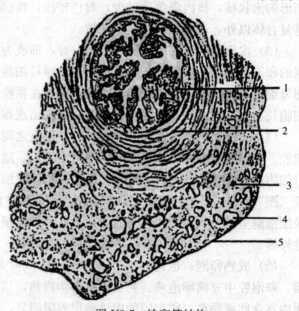

图Y2-7 输卵管结构
1. 黏膜 2. 环肌 3. 纵肌 4. 血管 5. 浆膜

上皮细胞的高矮、分泌细胞的活动性、纤毛的明显与否以及数量的多少都有变化。

(2) 固有膜：由疏松结缔组织构成，可伸入皱褶内，常有浆细胞、肥大细胞和嗜酸性粒细胞等，还有血管和平滑肌。

2. 肌层 由内环、外纵两层平滑肌组成，两层之间没有明显界限，有些肌束呈螺旋形排列。肌层从卵巢端向子宫端逐渐增厚，靠近子宫端的肌层较厚，伞部的外纵肌消失，仅含有分散的肌细胞。其中以峡部为最厚，肌层的收缩有助于卵向子宫方向移动。

3. 浆膜 为输卵管壁最外层，主要由结缔组织构成。浆膜由疏松结缔组织和间皮组成。

(八) 子宫的组织学观察

子宫壁黏膜由内膜、肌层和外膜三层组成。

1. 子宫内膜 包括黏膜上皮和固有膜。

(1) 上皮：为单层柱状上皮细胞，有时有纤毛。无纤毛的柱状细胞有分泌功能，上皮陷入固有膜内形成子宫腺。内膜上皮在马及犬为单层柱状上皮（马为高柱状），猪和反刍动物为假复层或单层柱状上皮。上皮细胞游离缘有时有暂时性的纤毛。

(2) 固有膜：又称内膜基质，为环形的结缔组织，其纤维较细含有网状细胞，网眼中有各种白细胞及巨噬细胞。固有膜由富有血管的胚型结缔组织构成，分深浅两层：浅层细胞成分较多，主要是星形的胚型结缔组织细胞，细胞借突起互相连接各种白细胞及巨噬细胞；深层细胞成分少，内有子宫腺。子宫腺为弯曲的分支管状腺，但牛和羊子宫阜无子宫腺分布。

(3) 子宫腺：为弯曲的分支管状腺，管壁由单层柱状上皮构成，多为分泌黏液的细胞，纤毛细胞较少。子宫腺管壁外围有分层的结缔组织鞘，鞘和固有膜之间存在许多组织间隙。子宫腺以子宫角最发达，子宫体较少，子宫颈则在皱襞之间的深处有腺状结构，其余部分为柱状细胞。

子宫腺的多少因畜种、胎次和发情周期而不同，腺上皮由分泌黏液的柱状细胞构成。

2. 肌层 子宫的肌层是平滑肌，外层薄，为纵行的肌纤维；内层厚，为螺旋形的环状肌纤维。在内外肌层之间为血管层，内有许多血管和神经分布。猪和牛的血管层，有时夹于环行肌内。牛和羊子宫的血管层在子宫阜处特别发达。

3. 外膜 子宫外膜为浆膜，由疏松结缔组织和间皮组成。

六、作 业

(1) 绘出注明绵羊睾丸曲精细管及其所含细胞的构造示意图。
(2) 绘出注明母牛卵巢组织结构及卵泡发育各阶段示意图。

七、思 考 题

(1) 各种家畜精子发生的整个过程需要多长时间完成？主要生殖细胞的作用有哪些？
(2) 母畜卵泡发育的特征和卵子发生过程是怎样的？

（张居农 编）

实验三　孕马血清促性腺激素效价的生物学测定

一、实验目的及要求

以孕马血清促性腺激素（PMSG）为例，掌握激素生物活性测定的原理与方法，进一步加深对PMSG生物学作用和理化特性的理解。

二、实验原理

PMSG是由α和β两个亚基组成的糖蛋白激素，具有促卵泡素（FSH）和促黄体素（LH）的活性，对雌性动物具有促进卵泡发育、成熟和卵巢、子宫发育的作用。因此，用PMSG处理小鼠后，通过观察子宫增重或卵泡发育情况，可以进行生物学测定。规定能使60%以上小鼠出现子宫增重反应的PMSG活性单位为一个小鼠单位（MU）或国际单位（IU）。

三、实验材料

1. **实验动物**　未达性成熟期的20日龄同源雌性健康小鼠，体重9~13g。
2. **测定样品**　含PMSG的制剂，用生理盐水稀释。
3. **实验器械**　试管架，20mL试管，1mL、2mL、5mL、10mL吸管，洗耳球，1mL一次性注射器，酒精棉球，搪瓷盘，解剖盘，眼科镊，眼科剪，鼠笼等。

四、实验方法及步骤

1. **待测样本稀释**　依据样本中PMSG的最低生物学活性，按一定比例用生理盐水将待测样本进行稀释，并按表Y3-1进行记录。

表 Y3-1　PMSG 生物活性测定记录

组别	一组	二组	三组	四组	五组
待测样本编号	1	2	3	4	生理盐水

2. **小鼠称重分组**　试验前小鼠禁饲12h，然后称重、编号、分组，每组5只，各组组间体重差异原则上不得超过2g。

3. 注射 各组每只小鼠于腹部皮下注射 0.2mL 稀释好的 PMSG 待测样本,对照组每只注射 0.2mL 生理盐水。

4. 剖检 于注射药液后 72~76h,先用颈椎脱臼法处死小鼠,然后用眼科剪剪开腹腔(图 Y3-1A),剥离子宫和卵巢,观察子宫增大情况(图 Y3-1B)。

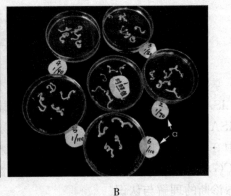

图 Y3-1 小鼠子宫剥离与剥离的子宫
A. 剥离小鼠子宫 B. 剥离后的小鼠子宫用平皿分组收集
a. 平皿编号(第 2 组,PMSG 1/70 稀释;第 6 组,PMSG 1/110 稀释)
(刘耘 供图)

5. 效价确定 将各组子宫与对照组比较,每组 5 只小鼠中有 3 只或 3 只以上子宫增重一倍以上,确定为阳性反应,即该浓度有效,以最低有效浓度的效价值乘以 5,然后乘以稀释倍数,所得数值即为每毫升待测样本中的 PMSG 生物学活性(MU 或 IU)。

五、注意事项

(1) 小鼠日龄和体重须保持一致。
(2) 注射剂量力求精确,不得使药液注入胸腔、腹腔或逸出体外。
(3) 为了使测定结果更加准确,可将待测样本稀释倍数间距缩小一些。

六、作 业

根据影响激素生物学测定的因素,分析实验结果,总结经验,提出改进措施,写出实验报告。

七、思 考 题

(1) PMSG 的生物学作用有哪些?
(2) 激素生物学测定的主要依据是什么?

(薛立群 编)

实验四　激素免疫学测定

一、实验目的及要求

掌握激素免疫学测定各种方法的基本原理与操作注意事项；了解酶联免疫吸附测定（ELISA）、放射免疫测定（RIA）和胶体金技术的原理与方法及其应用情况；掌握应用 ELISA 或 RIA 测定乳汁、血液中孕酮或尿液和粪便中雌酮衍生物（如硫酸雌酮）以及脑组织中 β-内啡肽（β-EP）浓度，应用胶体金方法测定灵长类动物血样中人绒毛膜促性腺激素（HCG）的操作程序；加深对激素理化特性以及激素免疫学测定应用于动物发情鉴定和早期妊娠诊断的理解与认识。

二、实验原理

（一）酶联免疫吸附测定原理

ELISA 是利用酶标记抗原、抗体或其他可与抗原、抗体结合的物质，在抗原与抗体结合形成抗原抗体复合物后，通过分离结合的与游离的抗原或抗体、或其复合物，使酶标记物的活性随着待测物浓度的变化而变化。因此，只要分析酶活性就可间接推算待测物的浓度。该法保持了酶催化反应的敏感性，又保持了抗原抗体反应的特异性，因而极大地提高了灵敏度。同时它又是一种非均相免疫分析，即在反应中的每一步都有洗涤过程，从而去除了未反应物质和干扰物质。

ELISA 不仅可以用于检测体内组织中的抗原，还可用于检测抗体。激素作为一种抗原也可以运用该方法进行测定。ELISA 具有灵敏、特异、操作简便、快速及无放射性同位素污染等优点，因此发展较快，是免疫学中最有发展前景的方法之一。ELISA 主要有 4 种：直接法、间接法、双抗夹心法和竞争法。

1. 直接法　将待测抗原直接包被到固相载体（如酶标板）上，孵育一定时间后，洗涤，加入酶标记特异抗体使之与抗原发生反应；孵育一定时间后，洗涤，除去未结合的酶标记抗体，加入底物溶液显色并判定结果。最后，根据显色的深浅与加入的酶标抗体量成正比的关系，推算待测物含量（图 Y4-1A）。

2. 间接法　将特异性抗原与固相载体连接，形成固相抗原，洗涤后，除去未结合的抗原及杂质；加抗体形成固相抗原抗体复合物，经洗涤后，在固相载体上留下特异性抗体，其他免疫球蛋白及血清中的杂质由于不能与固相抗原结合，在洗涤过程中被洗去；加酶标抗抗体（简称酶标二抗），与固相复合物中的抗体结合，从而使该抗体间接地与酶连接；洗涤后，固相载体上的酶量就代表特异性抗体的量；加底物显色，颜色深度代表样本中受检抗体的量（图 Y4-1B）。

3. 双抗夹心法　将特异性抗体与固相载体连接，形成固相抗体，洗涤，除去未结合的抗体及杂质后，加抗原形成固相抗原抗体复合物；洗涤，去除其他未结合物质，然后加酶标抗体，使固相免疫复合物上的抗原与酶标抗体结合；洗涤未结合酶标抗体，此时固相载体上带有的酶量与样本中受检物质的量正相关;加底物,根据颜色反应的程度进行该抗原的定性或定量分析(图Y4-1C)。

4. 竞争法 将特异性抗体与固相载体连接,形成固相抗体,洗涤除去未结合的抗体及杂质;待测管中加受检样本和一定量酶标抗原的混合溶液,使之与固相抗体反应。如受检样本中无抗原,则酶标抗原能顺利地与固相抗体结合(图Y4-1D);如果受检样本中含有抗原,则与酶标抗原以同样的机会与固相抗体结合,竞争性地占去了酶标抗原与固相载体结合的机会,使酶标抗原与固相载体的结合量减少(图Y4-1E)。参考管中只加酶标抗原,孵育后,酶标抗原与固相抗体的结合可达最充分的量,洗涤后去除未结合物质。参考管中由于结合的酶标抗原最多,故颜色最深。参考管颜色深度与待测管颜色深度之差,代表受检样本的量。待测管颜色越浅,表示样本中抗原含量越多。

用ELISA方法测定孕激素可对配种后18~25d内各种动物进行妊娠诊断,以乳牛的早期妊娠诊断为例,乳牛配种后,如果妊娠,其周期性黄体转变为妊娠黄体,孕酮的分泌量增加,在下一个预定的发情周期前后,血液和乳汁中孕酮的含量比未孕牛显著增加。在配种后

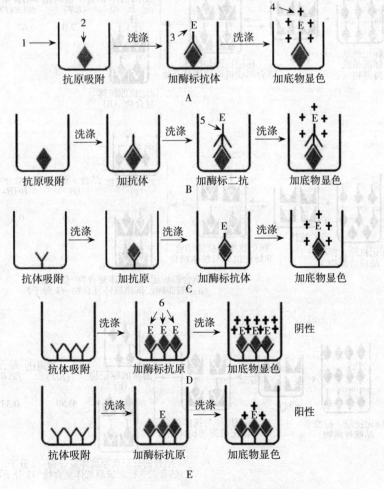

图Y4-1 各种ELISA方法的原理和操作流程
A. 直接法 B. 间接法 C. 双抗夹心法 D. 竞争法阴性结果 E. 竞争法阳性结果
1. 酶标板小孔 2. 抗原 3. 酶标抗体 4. 底物液 5. 酶标二抗 6. 酶标抗原

的20~25d，乳牛乳汁中孕酮的含量大于7ng/mL为妊娠；小于5.5ng/mL为未孕；介于5.5~7ng/mL为可疑。通过孕酮检测，可以进行早期妊娠诊断。

（二）放射免疫测定原理

放射免疫测定（RIA）的原理与竞争性ELISA方法基本一致，所不同的是标记物和分离方法。RIA用放射性同位素（如^{125}I、^{3}H、^{14}C等）标记抗原或抗体，用活性炭吸附（一般用于小分子物质，如类固醇激素的检测）、二抗（抗抗体）沉淀、离心的方法分离结合的与游离的标记物，然后测定结合的（B）或游离的（F）标记物的放射性强度，计算结合-游离比值（B/F值）或结合率［$B/(F+B)$］值。用已知浓度的激素（待测激素标准品）为参照，以结合-游离比值或结合率为纵坐标，激素标准品的量为横坐标，建立标准曲线，即可推算待测物含量（图Y4-2）。

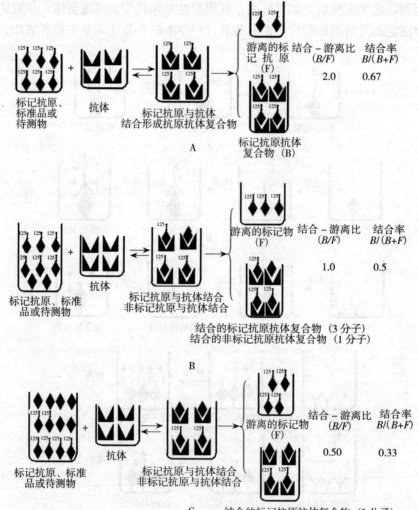

图Y4-2 RIA操作原理

A. 样本中待测抗原为0时，形成的标记抗原抗体复合物最多　B. 样本中待测抗原低于标记抗原时，形成的标记抗原抗体复合物较多　C. 样本中待测抗原较多时，形成的标记抗原抗体复合物较少

（三）HCG 胶体金方法测定和用于灵长类动物妊娠诊断的工作原理

灵长类动物受孕后，胎盘绒毛膜分泌 HCG，应用酶免疫测定技术可在妊娠 11d 的血和尿中检出 HCG；相反，未孕灵长类动物尿液中检测不到 HCG。HCG 由 α 和 β 两个亚基组成，由于 HCG 的 α 亚基与 LH 和 FSH 的 α 亚基同源性很强，可与 HCG 的 α 亚基抗体产生交叉免疫反应，所以须制备分别抗 α 和 β 亚基的抗体（分别为图 Y4-3 中的 Y1 和 Y2），并从市场获得羊抗鼠抗体（Y3）。以硝酸纤维素膜（纸条）为固相载体，事先包被两种抗体，即 Y2 和 Y3，另用金标记鼠抗 β-HCG 单克隆抗体（即金标 Y3，图 Y4-3 中的圆点），制成胶体金试纸条。检测时，如果待测样中存在 HCG（图 Y4-3 中的三角形），则可与 Y1 和 Y2 抗体结合，形成抗原抗体复合物（Y1-HCG 和 Y2-HCG），然后与 Y2 或 Y3 结合，形成 Y1-HCG-Y2（图 Y4-3 中的"待测样"检测线或反应线）或 Y1-HCG-Y3（图 Y4-3 中的"对照"控制线）复合物，洗涤后，去除游离的 HCG-Y1 复合物，则在试纸条上呈现两条红线，表明被检动物已妊娠；如果样本中没有 HCG（被检动物为空怀），金标记的 Y1 因没有 HCG 作为桥梁，无法与 Y2 连接，所以待测样线没有颜色，但对照仍然呈现颜色。

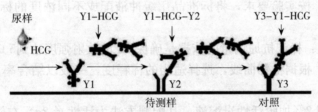

图 Y4-3 胶体金免疫测定原理
Y1. 抗 β 亚基 HCG 单克隆抗体 Y2. 抗 α 亚基 HCG 单克隆抗体 Y3. 羊抗鼠多克隆抗体

三、实验材料

（一）器械

1. 孕酮酶免疫测定 96 孔酶标板、微量移液器、多道移液器、小烧杯、试管、酶联免疫检测仪、恒温孵箱、冰箱、超纯水仪、离心机、电子天平。

2. β-EP 放射免疫测定 全自动智能放免 γ 计数器（^{125}I，^{131}I 标记）、闪烁仪（^{3}H 标记）、离心机、超纯水仪、微量移液器、烧杯、试管、冰箱。

3. HCG 胶体金测定 取样器械如加样器等。

（二）试剂

1. 试剂药品

（1）孕酮酶免疫测定：辣根过氧化物酶标记的孕酮抗体、Na_2CO_3、$NaHCO_3$、Tween-20、NaCl、KH_2PO_4、$Na_2HPO_4 \cdot 12H_2O$、四甲基联苯胺（TMB）、柠檬酸、H_2O_2、H_2SO_4、孕酮抗体、BSA。

（2）β-EP 放射免疫测定：β-EP 标准液、^{125}I-β-EP 溶液、β-EP 抗血清、B 与 F 分离剂、缓冲液。

（3）HCG 胶体金测定：人绒毛膜促性腺激素诊断试剂（商品名：孕友）、灵长类动物（人）尿液。

2. 溶液配制

(1) 孕酮酶免疫测定：

①辣根过氧化物酶标记孕酮：稀释度按照说明书进行。

②包被液：pH 9.6、0.05mol/L 碳酸盐缓冲液（Na_2CO_3 0.15g，$NaHCO_3$ 0.293g，加蒸馏水溶解至 100mL），4℃保存。

③稀释液：pH 7.4 的 PBS-Tween-20（NaCl 8g，KH_2PO_4 0.2g、$Na_2HPO_4 \cdot 12H_2O$ 2.9g、Tween-20 0.5mL，蒸馏水加至1 000mL），4℃保存。

④洗涤液：pH 7.4 的 0.01mol/L Tris-HCl 缓冲液。

⑤TMB 溶液：临用前配制，取 TMB（2mg/mL 无水乙醇）0.5mL，pH5.5 的底物缓冲液 [0.2mol/L Na_2HPO_4（28.4g/L）25.7mL，0.1mol/L 柠檬酸（19.2g/L）24.3mL，加蒸馏水至 50mL] 10mL，溶解后，临用前加 0.75% H_2O_2 32μL。

⑥终止液：2mol/L H_2SO_4 溶液。

⑦孕酮标准液：按照 2ng/mL 的梯度进行配制。

(2) β-EP 放射免疫测定：

①β-EP 标准液：按实验要求，将标准品用缓冲液配成不同浓度的标准溶液，用于绘制标准曲线。

②^{125}I-β-EP 溶液：标记抗原用量的依据是确保^{125}I 的放射强度达到5 000~15 000Bq。

③β-EP 抗血清：根据稀释曲线，选择适当的稀释度，一般以结合率为 50% 作为抗血清的稀释度。

④分离剂：选用 2% 加膜活性炭溶液，其配制方法为活性炭 2g、右旋糖酐-20 0.2g，加 0.1mol/L PBS 至 100mL，电磁搅拌 1h，然后置于冰箱待用。

⑤缓冲液：在神经肽的 RIA 时，常用 PELH 缓冲液（按1 000mL，pH 7.6）：0.1mol/L PBS 980.0mL、0.3mol/L EDTA•2Na 10.0mL、0.2% 洗必泰溶液 10.0mL、溶菌酶 1.0g。

3. 样本处理

(1) 孕酮酶免疫测定：配种后 20~25d 乳牛的乳汁，空怀乳牛乳汁。

(2) β-EP 放射免疫测定：取兔（或大鼠）垂体、下丘脑为材料，其处理方法如下：兔（或大鼠）快速断头取脑，置沸生理盐水中加热 4（或 2）min。取出后分离各脑区，称重，分别置于 3mL 0.1mol/L 盐酸中，玻璃匀浆器匀浆化。再加 0.3mL 1mol/L 氢氧化钠及 0.7mL 0.5mol/L pH 7.6 磷酸盐缓冲液，最后加 PELH 补足至 5mL。抽提大脑区时，各溶液用量加倍。3.3×10^3g 离心 20min 后，取上清液 0.3~0.7mL 直接做 RIA 测定。方法与标准曲线制作一致，以样品液代替标准溶液。从各测定管的 $(B_i/T)%$ 值查标准曲线，得 β-EP 含量。再根据各脑区组织湿重等，换算得每毫克脑组织 β-EP 含量。

(3) HCG 胶体金测定：如果没有灵长类动物样本，可从医院获得已孕和未孕妇女尿样。

四、实验内容与操作步骤及注意事项

(一) 孕酮酶免疫测定

1. 操作步骤

(1) 包被抗体：用包被液稀释孕酮抗体（按照说明书进行稀释），每孔加 100μL，37℃

放置 1h 后，4℃冰箱放置 16~18h 过夜。

（2）洗涤：倒尽包被板孔中的液体，加满洗涤液，静置 3min 后在吸水纸上拍干，反复 3 次，在吸水纸上不见液体为止。

（3）加孕酮标准液和乳样：取 50μL 梯度稀释的孕酮标准液或待测样本（乳液）液，加入已包被的微量反应板孔内，以孕酮梯度液质量浓度为 0ng/mL 的作为稀释液对照，37℃放置 2h。

（4）洗涤：同步骤（2）。

（5）加配标记物：加辣根过氧化物酶标记的孕酮，每孔 100μL，37℃放置 2h。

（6）洗涤：同步骤（2）。

（7）加底物液：加临时配制的 TMB 底物液，每孔 100μL，室温避光显色 30min。

（8）加终止液：每孔 50μL，测定前在振荡器上轻轻振动数秒钟。

（9）读取 OD 值：以孕酮质量浓度为 0 的空白对照孔的结果作为校正酶标仪的零点。然后在 450nm 波长下，测定各孔的 OD 值。以孕酮标准液浓度为横坐标，所对应的 OD 值为纵坐标，绘制标准曲线。根据待测样 OD 值，从标准曲线中查找对应的浓度。每个样本重复 3 次，计算平均值。

2. 注意事项

（1）减少边际效应：聚苯乙烯微量反应板对蛋白质有较强的物理吸附能力，是理想的也是最常用的固相载体。其优点是样品用量少，使用方便，敏感性和重复性均较好。但此反应板常有边际效应，孔边缘误差较大，因此用酶标仪读数时尽量对准孔中央。

（2）质量控制：乳汁的其他蛋白成分可能会对检测的 OD 值产生影响，因此测定乳汁中激素时要用不含孕酮的乳汁作为空白对照。

（3）减少非特异性免疫反应：使用聚苯乙烯微量反应板时，包被液宜用低离子强度和偏碱性的缓冲液。常用离子强度范围在 0.01~0.05mol/L，这时，蛋白质容易被吸附。若缓冲液的 pH<6.0，会增加非特异性吸附能力。在包被蛋白质过程中，为减少非特异性吸附，可在洗涤液中加入 Tween-20，在待测样品稀释液或洗涤液中加入一定量的 BSA。

（4）包被浓度控制：包被物的质量浓度一般控制在 1~100μg/mL 的范围内。究竟用哪种质量浓度可以用方阵法来确定。

（5）免疫反应时间控制：抗原与抗体结合形成抗原抗体复合物的量与时间和温度有关，一般采用 37℃、2~3h，或 4℃过夜。

（6）酶促反应时间控制：酶结合物与底物的作用随时间的延长而增强。有些底物会随着酶催化时间的延长而发生自发性变性，导致颜色反应加深而影响结果的判断。所以一般在 20~60min 内用酸进行终止，以保证同一块板所有孔的酶促反应时间一致。

（7）底物配制：底物应在临用前配制，避光保存；包被液 4℃保存，不宜超过 15d，需要保存较长时间时应加 0.2% 叠氮钠。

（8）样本处理：低温保存的待测乳汁需平衡至室温方可测定。

（9）操作方法：为避免反应体系液体蒸发，在孵育时需用塑料贴封纸板或保鲜膜覆盖孔板，且孵育时反应板不能叠放，以保证各板的温度都能迅速平衡。

（二）β-内啡肽放射免疫测定

1. 操作步骤

（1）加样：按管号（表 Y4-1）分别加入各种浓度的 β-EP 标准液、样品、β-EP 抗血清、^{125}I-β-EP 溶液和缓冲液（单位 μL，总体积 500μL）。

表 Y4-1 加样顺序

	T	NSB	B_0	5pg	10pg	50pg	100pg	500pg	1ng	垂体	下丘脑
管号	1	2	3	4	5	6	7	8	9	10	11
β-EP 标准液(μL)	/	/	/	100	100	100	100	100	100	/	/
样品(μL)	/	/	/	/	/	/	/	/	/	1	100
β-EP 抗血清(μL)	/	/	100	100	100	100	100	100	100	100	100
^{125}I-β-EP 溶液(μL)	100	100	100	100	100	100	100	100	100	100	100
缓冲液(μL)	/	400	300	200	200	200	200	200	200	299	200

（2）孵育：4℃放置 24h。

（3）分离与抗原抗体结合的和游离的标记物：每管加入 2% 加膜活性炭溶液 300μL，摇匀，立即离心，去上清液，测沉淀物（实际为游离的标记物）的每分钟计数。

（4）计数、绘制标准曲线与样品含量计算：以活性炭分离与抗体结合的标记抗原抗体复合物（B）和未与抗体结合的标记抗原（游离物，F），计数沉淀的每分钟计数值。用 T 减去 F 和 NSB，为 B 的每分钟计数，其中 T 为标记抗原的总每分钟计数值，F 为游离标记抗原的每分钟计数值，NSB 为非特异结合（如黏附在试管壁中的标记抗原、离心分离不彻底的标记抗原等）的每分钟计数值。分别计算标准管与样品管中标记抗原抗体复合物（B）的每分钟计数值，以及这些值与零标准管中结合物（B_0）的比（$B/B_0 \times 100\%$）。用半对数纸，以标准管的 B/B_0 值为纵坐标，以各标准管中标准物含量为横坐标，绘制标准曲线。根据样品的结合率（$B/B_0 \times 100\%$），从标准曲线中找到被测样品抗原的含量，再换算成每毫克（组织湿重）含某抗原的量。

2. 注意事项

（1）降低实验误差：注意避免在测定过程中由于仪器不准、试剂不纯、标准品不稳定、器械被污染等原因所造成的误差。

（2）专门实验室：放射性标记免疫测定技术对放射防护的要求较高，必须有专门实验室和具备放射废物的处理条件。

（3）增强放射免疫分析基本操作的自我防护意识：放射免疫实验室通风换气必须良好，避免空气中有粉尘，手指接触到标记物应立即洗手；洒到桌面或地面上时应立即处理。严格按照放射卫生防护条例操作，接受放射防护知识的培训，接受定期检查。

（4）防飞溅和溢出：打开标记物的冻干品时需要特别小心，在冻干品的瓶内由于呈负压状态，必须采取以下步骤才能避免放射性物质的飞溅和溢出，即先将瓶塞稍微启开一点，待瓶内外达到大气平衡之后，再打开瓶塞。

（5）加强放射监控：经常监控测量设备、工具表面、工作人员的衣物和手，确定是否有污染，如果污染水平超过相应标准，应及时采取去污染措施。

（三）HCG 胶体金检测及灵长类动物早期妊娠快速诊断

1. 采样 使用一次性尿杯或洁净容器收集尿液。

2. 操作 撕开铝箔袋，取出试纸条，将试纸标有 MAX 的一端浸入尿液中（图 Y4-4）。1~5min 读取结果，5min 后无效。

3. 结果判读

(1) 阳性：白色显示区上下呈现两条红色线，无论颜色深浅，提示已经怀孕。

(2) 阴性：白色显示区上端呈现一条红色控制线（对照），提示空怀。

(3) 无效：在 5min 内，检测线和控制线均无颜色出现，提示检测无效（图 Y4-5）。

图 Y4-4　胶体金试纸条操作程序

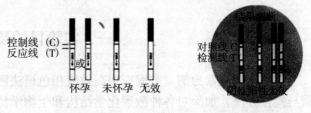

图 Y4-5　胶体金试纸条妊娠诊断结果判断

五、作　业

（一）关于孕酮 ELISA

(1) 根据孕酮梯度液质量浓度（ng/mL）和 OD 值绘制标准曲线。

(2) 计算乳汁中的孕酮浓度，并判断被测乳牛是否妊娠。

(3) 根据 ELISA 原理，判断实验中采用的是哪种 ELISA 检测方法。

（二）关于内啡肽 RIA

(1) 以标准管的 B/B_0 为纵坐标，以各标准管含量为横坐标，绘制放射免疫标准曲线。

(2) 计算被测大鼠（或兔）垂体、下丘脑样品每毫克（组织湿重）含 β-EP 的量。

(3) 实验中要注意哪些防护措施？

(4) 利用 RIA 技术原理与方法，设计测定孕酮或硫酸雌酮的实验方案。

（三）关于 HCG 胶体金检测

依据实验结果，总结成功经验，分析失败原因，提出改进措施，写出实验报告。

六、思　考　题

(1) 各种免疫测定方法的优点和缺点有哪些？

(2) 激素免疫测定的基本原理是什么？

(3) 用胶体金检测 HCG 时，为什么必须使用 3 种抗体？各种抗体在检测中起何作用？

(4) 影响激素免疫检测结果准确性的因素有哪些？

(5) 能否用 HCG 检测试纸条对牛、羊、猪等非灵长类动物进行妊娠诊断？

（许厚强　编）

实验五 激素高效液相色谱测定

一、实验目的及要求

以类固醇激素为例,掌握应用高效液相色谱法测定样本中激素水平的基本原理、实验步骤与操作方法;加深对各种激素化学结构和生物学特性的理解。

二、实验原理

类固醇激素是由性腺和肾上腺皮质分泌的小分子物质,广泛用于动物繁殖和兽医临床。类固醇激素可人工合成,生产厂家以及国家标准要求用高效液相色谱法进行质量监控。

高效液相色谱法是在经典液相色谱和气相色谱基础上发展起来的重要色谱方法,使用了多孔微粒固定相,装填在小口径短的不锈钢柱内,流动相通过高压输液泵进入高压色谱柱,溶质在其中的传质、扩散速度大大加快,从而在短时间内获得高的分离能力。该法可分析低分子质量、低沸点的有机化合物,更多适用于分析中高分子质量、高沸点及热稳定性差的有机化合物。

根据固定相及流动相的极性不同,分为正相和反相两种液相色谱。固定相为极性(如硅胶和氧化镁)、流动相为非极性(如正己烷,醚等)的色谱称为正相液相色谱;固定相为非极性(碳粒和氧化铝)、流动相为极性(如水和醇等)的色谱称为反相液相色谱。

在液相色谱中,一般用直接与标准物对照的方法分离激素,并可根据保留时间(t)的不同进行激素的定性分析。当未知峰的保留值与某一已知标准物完全相同时,则能判定未知峰可能与已知标准物为同一物质,特别是在色谱操作条件改变、未知峰的保留值与已知标准物的保留值仍能一致的情况下,则基本判定是同一物质。定性分析后,用峰面积进行定量分析。将标准物配成不同浓度溶液,测定峰面积,作浓度和峰面积的标准曲线,然后依据未知物的峰面积,在标准曲线上求浓度。

高效液相色谱法按分离机制的不同分为液固吸附色谱、液液分配色谱(正相与反相)、离子交换色谱、离子对色谱及分子排阻色谱等方法。

(一)液固色谱法

使用固体吸附剂,被分离组分在色谱柱上根据固定相对组分吸附力大小不同而分离。分离过程是一个吸附与解吸附的平衡过程。常用的吸附剂为硅胶或氧化铝,粒度 $5\sim 10\mu m$,适用于分离相对分子质量 $200\sim 1\,000$ 的非离子型化合物(如类固醇激素、肽类激素等),常用于分离同分异构体(如类固醇激素、前列腺素等)。

(二)液液色谱法

将某种特定的液态物质用化学方法键合于担体表面而制备固定相,根据被分离物在流动相和固定相中溶解度不同而得到分离。常用的化学键合固定相,有 C8、C18、氨基柱、氰基柱和苯基柱等。液液色谱法按固定相和流动相的极性不同可分为正相色谱法（NPC）和反相色谱法（RPC）两种（表 Y5-1）。

表 Y5-1 两种色谱方法的基本特性

基本特性	正相色谱法	反相色谱法
固定相极性	高-中	中-低
流动相极性	低-中	中-高
组分洗脱次序	极性小的分子先洗出	极性大的分子先洗出

1. 正相色谱法 固定相为极性化合物（如聚乙二醇、氨基与氰基键合相），流动相为极性相对较弱的疏水性溶剂（如烷烃类正己烷、环己烷），常加入乙醇、异丙醇、四氢呋喃、三氯甲烷等以调节组分的保留时间，用于分离中等极性和极性较强的激素（如胺类激素）。

2. 反相色谱法 固定相一般用非极性化合物（如 C8、C18），流动相为水或缓冲液，常加入甲醇、乙腈、异丙醇、丙酮、四氢呋喃等与水互溶的有机溶剂以调节保留时间，适用于分离非极性和极性较弱的激素。RPC 应用最为广泛，约 80% 的高效液相色谱测定采用该法。为控制样品在分析过程中的解离，常用缓冲液控制流动相的 pH。但须注意的是，C8 和 C18 使用的 pH 通常为 2.5~7.5（范围 2~8）。溶液 pH 太高，易使硅胶溶解，太低会使键合的烷基脱落。近期出品的商品柱，可在 pH 1.5~10 操作。

（三）离子交换色谱法

固定相是离子交换树脂，常用苯乙烯与二乙烯交联形成的聚合物骨架，在表面末端芳环上接上羧基、磺酸基（称为阳离子交换树脂）或季铵基（阴离子交换树脂）。色谱柱树脂上可电离离子进行可逆交换，根据各离子与离子交换基团具有不同的电荷吸引力而进行分离。缓冲液常用作离子交换色谱的流动相。被分离组分在离子交换柱中的保留时间除跟组分离子与树脂上的离子交换基团作用强弱有关外，还受流动相 pH 和离子强度影响。pH 可改变化合物的解离程度，进而影响其与固定相的作用。流动相的盐浓度大，则离子强度高，不利于样品的解离，导致样品较快流出。离子交换色谱法主要用于分析有机酸（如前列腺素）、氨基酸（如褪黑激素）、多肽类激素。

（四）排阻色谱法

固定相是有一定孔径的多孔性填料，流动相是可以溶解样品的溶剂。小分子质量的化合物可以进入孔中，滞留时间长；大分子质量的化合物不能进入孔中，直接随流动相流出。该法利用分子筛对分子大小不同的各组分排阻能力的差异而完成分离，常用于分离高分子化合物，如组织提取物、多肽、蛋白质、核酸等，适合于分离分子质量大的化合物（约 2 000u 以上），不能用来分离分子质量大小相似的分子，如异构体等。

三、实验材料

（一）仪器设备

高效液相色谱仪型号虽然较多（图 Y5-1），但系统流程基本一致（图 Y5-2），均由储液器、高压泵、进样器、色谱柱、检测器、记录仪等几部分组成。

图 Y5-1　不同型号的高效液相色谱仪

图 Y5-2　高效液相色谱仪的系统流程

1. 储液器　用于存放溶剂的装置，用耐腐蚀材料（玻璃、氟材料等）制成，也可采用不锈钢制成，耐腐蚀性强，对溶剂呈惰性，一般情况下采用 1～2L 的大容量玻璃瓶，配有溶剂过滤器，以防止流动相中的颗粒进入泵内。储液器中的溶剂过滤器一般用耐腐蚀的镍合金制成，孔隙大小一般为 $2\mu m$。流动相为溶剂（正相液相色谱常用乙醚、氯仿、三氯甲烷等作为溶剂；反相液相色谱常用甲醇、乙腈、四氢呋喃和水作为溶剂），使用前必须进行脱气，以防止流动相从高压柱内流出时释放出气泡进入检测器而使噪声剧增，影响正常检测。一般情况下使用超声波进行脱气，由超声波发生器发出的高频振荡信号，经换能器转换成高频机械振荡而传播到流动相中，连续不断地产生瞬间高压，不断地冲击，从而脱去流动相中的气体。一般 1 000mL 流动相中放入超声波清洗器脱气 10～20min 即可。

2. 高压泵　高压泵应耐压、耐腐蚀、密封性好，主要用于输送流动相，其压力一般为几兆帕至数十兆帕。在分析过程中，色谱柱装填 5～10μm 的固定相，对流动相有很高的阻力，必须在高压条件下才能完成流动相及测试样的穿透。液体的黏度比气体大 100 倍，同时由于固定相的颗粒极细，柱内压力大，为保证一定的流速，必须借助高压迫使流动相通过柱子。高压泵应无脉动或脉动极小，以保证输出的流动相具有恒定的流速，同时采用脉动阻尼装置可将产生的脉动除去，使流动相的流量变动范围不超过 2%～3%。高压泵主要分为恒压泵、恒流泵和螺旋传动注射泵三类。

3. 进样器　普遍使用高压进样阀，即用微量注射器将样品注入样品环管。样品环管尺寸大小不一，可根据分析要求选用。将进样阀手柄放在吸液位置时，流动相直接通过孔的通路流向色谱柱，样品通过注射器从另外的位置进入样品环管，如果有过量的样品则会从出口孔排出，然后将手柄转到进样位置，此时流动相便将样品带进了色谱柱。

4. 色谱柱　为色谱系统的"心脏"，质量优劣直接影响到分离效果。色谱柱通常采用优质不锈钢管制成，内壁必须光洁平滑，因为纵向沟痕和表面多孔性可引起谱带展宽。色谱柱接头的体积应尽可能小，柱长一般为 10～25cm，内径 4～5mm。若使用直径为 5～10μm 固定相颗粒，理论塔板可达到 5.0×10^4 个/m。尺寸排阻色谱柱的内径通常大于 5mm，制备色谱柱则会更大。为了减少溶剂用量，可采用微径柱，内径为 1mm，长度为 30～75mm，若采用 3μm 颗粒，理论塔板数高达 1.0×10^5 个/m。为了保护分析柱不被污染，有时需在分析柱前加一短柱，约数厘米长，此柱称为保护柱。为了减少保护柱的阻力，可在保护柱中使用直径为 10～30μm 的颗粒。HP1100 为 C18 柱，辅助装置有柱温调控、流动相和室温平衡，以减小误差。

5. 检测器 常用的检测器有紫外光度检测器（UVD）、示差折光检测器（RID）、电导检测器（ECD）、荧光检测器（FD）。RID 和 ECD 分别用于测定柱后流出液的总体折射率和电导率，测定灵敏度低，易受流量和温度的影响，漂移和噪声较大，不适合痕量分析。UVD 和 FD 分别用于测定溶质对紫外线的吸收和溶质在紫外线照射下的荧光强度，检测灵敏度高，不易受流量和温度的影响，缺点是不适合用于对紫外线完全不吸收的试样，溶剂的选用受限制，适合痕量分析。

（二）试剂

性腺类固醇激素（孕酮、睾酮、17β-雌二醇）标准品，乙腈，石油醚，甲醇，二氯甲烷。

四、实验步骤及注意事项

（一）实验步骤

1. 配制样品 严格按照样品质量标准配制。类固醇激素的稳定性较好，可长期保存。对于稳定性差的样本，如促性腺激素释放激素、前列腺素等，样品最好现配现做，不要搁置，以防样品分解，导致含量变低。

（1）标液配制：准确称取类固醇激素（如孕酮、睾酮和 17β-雌二醇）各 50mg，分别用少量甲醇溶解并定容至 50mL 规格的容量瓶中，配制成质量浓度为 1.0mg/mL 的标准储备液，4℃冰箱存放。

（2）工作溶液配制：取适当体积储备液混合，用甲醇逐级稀释。

（3）样本处理：

①牛肉样本的处理：准确称取绞碎后的牛肉（5±0.5）g 于 50mL 规格的离心管中，加入 10mL 乙腈，涡旋振荡 30s，超声提取 10min，以 8 000r/min 离心 10min，将上层有机相转移至干净的离心管中，再用 10mL 乙腈重复提取两次，合并上层有机相，用 40℃氮气吹干，加入 2mL 甲醇溶液，涡旋振荡 30s，全部溶解后，-20℃放置 30min，4℃时以 10 000r/min 离心 10min，取适量上层液体经 0.22μm 微孔滤膜过滤后，待测。

②血浆样本的处理：取 5mL 血浆，加石油醚 15mL，提取 30min，用液氮使下层血浆结冰，倾出上层提取液，用压缩空气吹干。然后，加 1mL 甲醇，超声波处理 3min，使提取物充分溶解，20 000r/min 离心 3min。取适量上清液，过滤后测定，通过标准品保留时间进行定性。

③乳粉样本的处理：准确称取 16.0g 乳粉样品，置于具塞三角瓶中，加入石油醚

15mL，超声提取 5min，静置 10min，转移至离心管中，以 2 000r/min 的速度离心 15min，弃去石油醚。重复操作一次后，向其中加入 20mL 乙腈，超声提取 5min，静置 10min，以 2 000r/min 的速度离心 15min，弃去残留石油醚，取出下层乙腈，重复操作一次。合并乙腈层，在氮气下 60℃水浴中浓缩至 2.0mL，用微孔滤膜（0.22μm）过滤后，继续浓缩并定容至 0.2mL，待测。

④粪便样本的处理：取动物新鲜粪便，于－80℃保存。实验时常温解冻，60℃烘干后粉碎成粉末状，剔除杂质、粗纤维和未消化的食物残渣。准确称取 0.5g 粉末放入 5mL 具塞离心管中，依次加入双蒸水 1.5mL、二氯甲烷 2.5mL，摇匀。将离心管超声提取 30min，然后用摇床振荡 2h。以 6 000r/min 的速度离心 20min。取出二氯甲烷提取液 1mL 于 2mL 离心管中，自然挥发干燥，再加入 1mL 乙腈溶解，过滤后待测。

2. 确定色谱条件

（1）色谱柱：C18柱，长 250mm，直径 4.6mm，固定相颗粒直径为 5μm。
（2）检测器：二极管检测器或紫外检测器。
（3）检测波长：孕酮检测用 254nm，睾酮检测用 254nm，雌二醇检测用 280nm。
（4）流动相：乙腈∶水＝50∶50。
（5）流速：0.8～1.0mL/min。
（6）柱温：室温（通常为 25℃左右）。
（7）进样量：通常为 10μL。

3. 配制流动相 流动相使用色谱纯的试剂，则不需要过滤。流动相的配比可以根据需要在操作软件中设置和调节。配制好的流动相要使用超声波脱气 10～20min，以脱去气泡。

4. 仪器设备准备 按如下步骤操作。
①打开 HPLC 工作站（包括计算机软件和色谱仪），连接好流动相管道，连接检测系统。
②进入 HPLC 控制界面主菜单，点击"manual"菜单，进入手动菜单。
③如果仪器设备使用间隔时间较长，或者换了新的流动相，需要先冲洗泵和进样阀。冲洗泵时，直接在泵的出水口，用针头抽取。冲洗进样阀时，需要在"manual"菜单下，先点击"purge,"再点击"start"，冲洗时速不要超过 10mL/min。
④调节流量：初次使用新的流动相，可以先试一下压力，流速越大，压力越大，一般不要超过 13.8MPa。点击"injure"键，选用合适的流速，击点"on"，走基线，观察基线情况。

5. 设计走样方法 点击"file"键，选取"select users and methods"键，确定走样方法。若需建立一个新的方法，点击"new method"键，选取需要的配件，包括进样阀、泵、检测器等。然后，点击"protocol"键。一个完整的走样方法涉及：进样前的稳流，一般 2～5min；基线归零；进样阀的"loading-inject"转换；走样时间，取决于样品种类。

6. 进样和进样后操作 选定走样方法后，点击"start"键，进样（所有样品均需过滤）。走样结束后，点击"postrun"键，以记录数据和做标记。全部样品走完后，再用上面的方法走一段基线，洗掉剩余物。

7. 关机 先关计算机，再关液相色谱仪。

8. 结束 填写登记本，由负责人签字。

（二）注意事项

1. 熟悉设备 熟悉设备可以避免因操作失误而导致仪器损坏，有利于对仪器进行保养。新购入的设备，厂家技术人员负责进行安装、调试，此时，负责高效液相分析的化验员最好选择一种激素，进行完整的演练，以加深印象。另外，最好在调试的时候由化验员自己重新安装一下工作站，并完整记录安装步骤，确保工作站受损时的修复。

2. 设备易出现的问题

（1）柱温箱及进样阀容易出现的问题：温控仪失灵，不能正确控制柱温箱的温度，这时必须更换温控仪。温控仪只在各样品系统适用性试验中有温控要求时应用，如果无要求，就不必开启。如果发现对照品和样品的出峰时间都不规律，而且每次出峰面积也差别很大，根本无法对样品进行定性和定量，这时候需要检查色谱柱和各金属细管的连接处，可能是连接处的塑料套因连接时未按要求而变形、引起漏液，必须更换新套，按要求套上即可。

（2）高压输液泵容易出现的问题：

①压力升不上去：检查桌面上是否有漏下的液滴，如果有，拧紧漏处即可。

②压力过高：检查抽取流动相的塑料管里是否有气泡，如果有，则按一下"Stop"键（此时千万别抽气泡），等压力降下来，最好到"0psi"时，抽出气泡。如果在过高的压力下抽气泡，流通池易被鼓破，无法分析样品。流通池鼓破后会流出蓝色墨水样液体，必须注意观察，及时更换。

（3）检测器容易出现的问题：

①流通池破后，影响检测，必须及时更换。

②氘灯的寿命一般为2 000h，如果检测器打不开，则说明氘灯超过其使用期限，必须更换。在日常检测中，一般在进样品之前开启检测器，样品分析完毕，及时关闭检测器，可以延长其使用年限，避免不必要的浪费。

（4）工作站容易出现的问题：安装工作站的电脑一般不要进行其他的工作，一旦出现问题，则需重新安装。

3. 其他应注意的问题

（1）进样针：进样针一定要用专用的平头针，千万不能用普通的斜面针头。

（2）进样阀的冲洗：样品分析完后要冲洗进样阀，避免残留物影响下一次分析。

（3）流动相试剂纯度：必须达到色谱纯，脱气后的流动相要小心振动尽量不引起气泡。

（4）所有过柱的液体：均需事先严格过滤。

（5）压力：不能太大，最好不要超过13.8MPa。

五、作　业

从测定的准确性、精密度等方面分析实验结果的可靠性，提出改进措施，写出实验报告。

六、思 考 题

(1) 应用高效液相色谱分析激素时,对样本有何要求?
(2) 检测不同激素对色谱柱的要求有何不同?
(3) 检测蛋白质激素时,最适高效液相色谱法是哪种?

(王杏龙 编)

实验六 精液品质常规评定

一、实验目的及要求

了解精液品质检查的主要内容,掌握精液品质评定的一般方法,加深对精子形态结构和精液生理特性的理解,提高精液品质评定的能力。

二、实验材料

1. 精液样本 牛、猪、羊等任何一种动物的精液。
2. 器械 生物显微镜、显微镜恒温载物台、离心管、pH试纸、载玻片、盖玻片、滴管、微量加样器、血细胞计数器、血细胞计数板、刻度试管、洗瓶、吸水纸。
3. 药品 生理盐水、3%氯化钠溶液、蒸馏水、95%酒精、乙醚等。

三、实验内容及方法

(一) 精液品质肉眼直观检查

1. 射精量 将采集的精液倒入刻度试管中,测量其容量。各种家畜射精量:牛3~10mL,羊0.5~2.0mL,马50~200mL,猪150~500mL。
2. 感观 未经稀释的牛、羊正常精液,因精子密度大而呈混浊、不透明。马、猪的精子浓度低,透明度较高。牛、羊正常精液呈乳白色或乳黄色。猪和马的精液为淡乳白色或浅灰白色。
3. 气味 无味或略带腥味。
4. pH 滴一滴精液于pH试纸上,待颜色改变后与标准色板比较,确定其pH。猪的精液略偏碱性,pH为7.4左右。

(二) 精子密度的显微镜检查及活力评定

1. 精子活力 精液采集后,立即取一滴置于载玻片上,用生理盐水稀释,盖上盖玻片,于200~400倍、温度38~40℃带恒温台的显微镜下观察,可见三种活动状态,即直线前进、旋转和摆动。评定精子活力的依据,是呈直线前进运动的精子所占的百分数,一般以十级制表示,即全部呈直线前进运动记1.0分,90%精子呈直线前进运动记0.9分,80%精子呈直线前进运动记0.8分,以此类推。低温保存的精液必须升温后才能检查评定,有时还应同时轻轻振荡充氧后才能恢复正常活力,再进行评定。各种家畜新鲜精液活力在0.7~0.8,用以授精的精子活力应达到的指标是:液态保存的精子活力应在0.5以上,冷冻精子活力应在0.35以上。
2. 精子密度
(1) 估测法:通常与检测精子活力同时进行。评定密度的标准依据视野中精子之间的距离而定。在显微镜下根据精子稠密程度的不同,将精子密度粗略分为"密""中""稀"三级。

由于各种家畜的精子密度差异很大,所以,"密""中""稀"三级的评定,不能按同一标准衡量,目的是在生产中以此确定精液的稀释倍数。

密:在视野中精子之间紧挨着,几乎看不到间隙或间隙很小,很难看到单个精子活动。

中:在视野中精子之间有相当一个精子长度的明显间隙,有些精子的活动情况可以清楚地看到。

稀:在视野中精子稀疏,甚至可查清所有精子数。

(2) 用血细胞计数器测定精子密度:用3%的氯化钠溶液稀释,以使在计数室的单个精子清晰可数,所用稀释液必须能杀死精子。根据精液的密度,牛、羊精液做100~200倍稀释,猪、马、兔精液做10或20倍稀释,并充分混匀。将混匀的精液滴在事先准备好的血细胞计数板及盖玻片之间的间隙边缘(图Y6-1)。使精液自行流入计数室,均匀充满,不得有气泡。静置数分钟后,置显微镜下(200~400倍)直接观察计数。

血细胞计数板的计数室深0.1mm,底部为正方形,长宽各是1.0mm,体积为0.1mm³。计数室有中方格25个,一般只计数正中和四角共5个中方格(图Y6-2)的精子数,而后推算出1mL精液的精子数。计数室的每个中方格中有小方格16个,计数时,以精子的头部为准(图Y6-3),按从左至右、计上不计下、计左不计右的原则(图Y6-4),以免重复。

计算时,每毫升精液中精子总数=5个中方格的精子数×5(整个计数室25个中方格的精子数)×10(每个计数室体积为0.1mm³)×1 000(1mL为1 000mm³)×20(精液稀释倍数)。

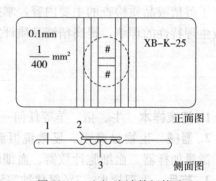

图Y6-1 血细胞计数板构造
1. 血细胞计数板 2. 盖玻片 3. 计数室

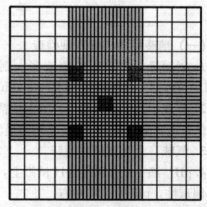

图Y6-2 血细胞计数板计数室25个中方格及计数精子的中方格(颜色最深者)

(3) 用721型分光光度计测定精液的光密度值:该法操作简便,常用于大批量计数,主要操作步骤如下:

①稀释精液:用生理盐水将精液稀释一定比例(稀释倍数取决于最后测定的吸光值,以吸光值在0.3~0.7的准确性最高)。

②调零:用生理盐水调节分光光度计的零点。

③标准曲线绘制:取已知密度(用血细胞计数器测定)的精液,梯度稀释,测定各种稀释度的吸光值(波长为540nm)。以精子密度为横坐标、吸光值为纵坐标作图,得标准曲线。

④样品测定:读取波长540nm的待测样吸光值,在标准曲线中查找与待测样吸光值所

实验六 精液品质常规评定

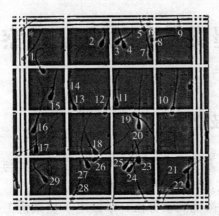

图 Y6-3 在计数室中方格中计数精子的依据
（图中数字表示该方格中的精子数）

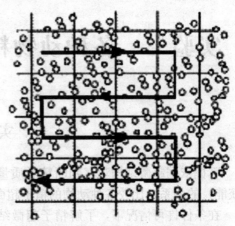

图 Y6-4 计数室每个中方格各小方格
中计数精子的顺序

对应的精子密度，乘以稀释倍数，即得待测样品精子密度。

四、注意事项

(1) 每样品重复测定 2 次，取其平均值，若两次误差超过 5％时，则需重测。
(2) 精液品质评定过程不能影响原精液的质量，特别注意取样时避免污损原精液。

五、作　业

写出实验报告并对实验结果进行分析讨论。

六、思　考　题

(1) 精液品质评定的常规指标有哪些？各有何意义？
(2) 精子密度测定的方法有哪些？各有何优缺点？

（石德顺　编）

实验七　各种动物精子超微结构的电镜观察

一、实验目的及要求

掌握依据超微结构观察判断精子质量的原理与方法；了解精子的超微结构及其与机能（获能）的关系；比较各种动物的精子超微结构特点，加深对精子发生规律的理解。

在条件许可情况下，了解精子超微结构电子显微镜观察方法，掌握电子显微镜工作原理，了解基本操作程序。

二、实验原理

电子显微镜是 20 世纪的重大发明之一，发明者卢斯卡因此荣获 1986 年度诺贝尔物理学奖。电子显微镜的一个特点是放大倍数高，可以放大几千倍、几万倍、甚至几十万倍，因此，在光学显微镜下不能看到的结构（如内质网）在电子显微镜下就能看到。还有一个特点是分辨率高，即使是同样的放大倍数，光学显微镜不能看到或看不清的结构，在电子显微镜下却能看清。

光学显微镜的工作原理是利用光线穿过被观察的样品，经过物镜和目镜的作用把样品放大到几十倍、几百倍甚至几千倍；电子显微镜则是经过电磁作用把电子束聚集在一起穿过样品，再经过电磁透镜的作用，将样品放大几百倍、几千倍至几十万倍。光线或电子束的波长与分辨率有着直接关系，波长越短分辨率越高，可见光（一般光学显微镜所用的光线）波长为 760~390nm。光学显微镜的分辨率为 $0.2\mu m$。如果用波长短的紫外线（390~13nm），分辨率可提高一倍，所以紫外线显微镜的分辨率为 $0.1\mu m$。而应用电子束的波长要比光线的波长短很多，所以分辨率也就高很多。电子束波长与电压有关，电压为 100、10 000 和 100 000V 的电子束，波长分别为 0.123、0.013、0.003 9nm。国产 $D\times B_2$-12 型电子显微镜分辨率为 0.204nm，放大 80 万倍。

电子显微镜的工作原理与光学显微镜类似，只不过是电子束代替光线，电磁透镜代替光学透镜。但因空气对于电子束起着阻碍作用，因此整个电子显微镜内部要保持真空状态。另外，电子束的穿透能力很差，过厚的样品电子束不能穿透而不能进行观察，因此必须把样品切成超薄切片（厚 50~60nm）。电子显微镜的造价和使用条件要比光学显微镜的要求高很多。

正如光学显微镜有透视和体视两种类型一样，电子显微镜也有透射和扫描两种类型。前面所述的电子显微镜称为透射电子显微镜。扫描电子显微镜也是利用经过电磁透镜或很小的电子束使电子束在样品上进行扫描，收集样品上所产生的次生电子，经过放大，在显像管的荧光屏上出现样品影像。因为电子束在样品上扫描成像，所以称为扫描电子显微镜。扫描电子显微镜与透射电子显微镜相比，由于具有较大的景深，因而能得到有真实感的立体图像；

放大范围广，可由十倍放大到十几万倍；观察时样品可在样品室中做各方向转动，因而便于从不同角度观察样品的各个区域；样品的制备方法简便；可利用样品在入射电子作用下产生的不同信号，对样品进行成分和元素分布的分析。

由于电镜放大倍数和分辨率均很高，所以可用于观察细胞中的细胞器，即超微结构。在精子获能时，精子顶体表面的糖蛋白被淀粉酶降解，同时顶体膜结构中胆固醇与卵磷脂比率和膜电位发生变化，降低了顶体膜稳定性。精子顶体反应包括顶体外膜与精子质膜在许多位点的融合，并形成许多小囊泡状结构，最后顶体外膜破裂，顶体内各种酶的释放和顶体内膜的暴露。体外培养条件下，Ca^{2+}、K^+及高蛋白培养液能诱发及促进顶体反应。精子的这些机能变化，引起超微结构的变化，可在电子显微镜下观察。

三、实验材料

1. 影像资料 各种动物精子的电镜图片或幻灯片。
2. 设备 超薄切片机、电镜、幻灯机或投影仪。
3. 试剂 戊二醛、酒精、PBS、醋酸乙酯、金粉、锇酸、酒精、Epon812树脂、醋酸铀和柠檬酸铅。

四、实验内容及操作步骤

（一）制样

1. 扫描电镜样本制备 取精液，加等体积2.5%戊二醛固定，4℃保存备用。将固定的精液用PBS漂洗3次后，用1%锇酸固定1.5h，PBS漂洗1次，酒精梯度脱水，醋酸乙酯过渡，自然干燥，喷金，上机观察。

扫描电镜用于观察组织表面结构，因此取材时必须充分暴露并保护好组织表面结构，避免损伤要观察的部位。

2. 透射电镜样本制备 将固定的精液经3 000r/min离心5min，弃去上清液，再加等体积2.5%戊二醛。30min后取沉淀，置2.5%戊二醛中，4℃保存备用。样本经PBS漂洗3次后，用2%锇酸固定，各级酒精梯度脱水，Epon812树脂包埋，超薄切片机切片（厚度为70～80μm）。样本经醋酸铀和柠檬酸铅染色，上机观察。

由于固定液戊二醛对组织的穿透能力较弱，如果组织块过大会造成组织中心得不到及时固定，在电镜下没有得到及时固定的组织细胞的细胞器会发生变性，特别是对缺血乏氧十分敏感的线粒体会出现肿胀和空泡变性等改变。因此，在透射电镜样本取材时，样本不可大于$1mm^3$，并在1min以内完成固定。

（二）各种动物精子超微结构观察

1. 牛精子

（1）获能前精子：分头、颈和尾3部分。头部主要由细胞核和顶体组成。细胞核黑色致密，呈楔形；顶体呈帽状，位于核前端外方质膜与外层核膜之间，为一夹层结构，并没有完全覆盖在核上，约占核的1/2（图Y7-1）。顶体外包的是一层单位膜，内外顶体膜平行排列，与顶体后缘相连。顶体的前部较宽厚，且在顶体顶段较为膨大，顶体的后部

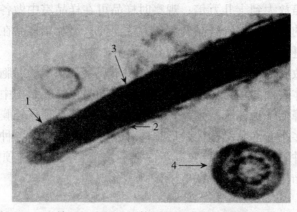

图 Y7-1　牛精子细胞核、顶体和外膜的电镜观察（×15 000）
1. 顶体　2. 核　3. 外膜　4. 横断面
（冯怀亮等，1992）

较前部狭窄。

颈部位于头部和尾部的中段之间，该部较短，前端的凸出部分与头部的植入窝相连，其内有中心粒，在有些切片中颈部有肥大现象。

尾段较长，分为中段、主段和终段。中段由螺旋形线粒体鞘包绕着的轴丝组成。从精子尾部的纵切面，可见线粒体呈念珠状排列于轴丝的两侧（图 Y7-2）。中段的横切面中央有两根中央微管，中央微管的外周为 9 组二联体微管，其中间有辐射条连接。9 组二联体微管的外周对应有 9 束外周致密纤维（图 Y7-1 中 4），在尾段的前半部，纤维是粗大的，以后纤维逐渐变细直到主段的远心端终止。牛精子中段线粒体鞘是由 70~75 旋的线粒体螺旋排列形成的，线粒体大小较为均

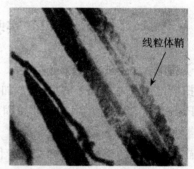

图 Y7-2　牛精子中段线粒体鞘电镜观察（×15 000）
（冯怀亮等，1992）

等。主段是精子尾部的主要部分。主段的中轴由纵行的轴丝组成。轴丝外方包绕一圈 9 条外周致密纤维，再向外方被纤维鞘包裹。终段较短，结构简单，仅由轴丝和外周的质膜构成。

（2）获能后精子：顶体膜和顶体内容物发生不同程度的顶体反应。根据形态变化，可将顶体反应分为 3 个时期，即：

①顶体膨胀期：主要特征为顶体内容物出现不同程度的膨大，质膜和顶体外膜保持完整状态，但精子的质膜远离顶体外膜（图 Y7-3A）。

②顶体囊泡化期：又分为顶体内部的囊泡化和质膜与顶体外膜融合的囊泡化。顶体内部的囊泡化，一种形式是顶体内容物膨胀后，顶体外膜出现皱褶，处于皱褶状态的相邻顶体外膜之间发生点状融合（图 Y7-3B），进一步发展形成串状囊泡；另一种形式是顶体膨胀后，顶体外膜不同区域发生内陷，在顶体内部形成串状囊泡，但这些囊泡多与精子的纵轴平行或成一定角度。顶体外膜与质膜融合的囊泡化，是顶体发生膨胀后，质膜与顶体外膜在局部区域处亲密相接，并多处发生接触，在两膜接触点处发生点状融合，之后在一些融合处出现裂

孔，而形成串珠状囊泡（图Y7-3C）。

③顶体内膜暴露期：顶体发生囊泡化后，顶体外膜和内容物逐渐消失。此期顶体内膜仍包在精子核膜的外面，即顶体内膜完全暴露出来。

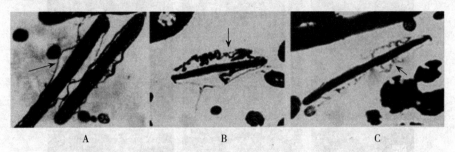

图Y7-3　获能后的牛精子超微结构变化（箭头所指）
A. 顶体膨胀，顶体外质膜远离顶体外膜（×12 000）　B. 顶体外膜皱褶，相邻顶体外膜之间发生点状融合（×10 000）　C. 顶体外膜内陷，顶体内部形成串状囊泡（×10 000）
（冯怀亮等，1992）

2. 羊精子发育　精子形成涉及尾部中段形成、核质浓缩、胞质丢弃以及线粒体迁移等变化，应用电子显微镜可观察到这些变化。

(1) 分化初期：为顶体及中段分化准备期。在精子形成早期，细胞核膜边缘不整齐，位于核一侧，形成顶体帽（图Y7-4中1和2），为顶体分化做准备。细胞核质及其染色质开始浓缩（图Y7-4中1），使细胞核区电子密度升高，染色加深（图Y7-4中3）。同时，核另一侧出现大量囊泡和高尔基体聚焦（图Y7-4中4），中心粒移到细胞核一侧，使该处核膜受挤压而内陷，形成明显的植入窝（图Y7-4中5和6）。

(2) 分化中期：以顶体发生核质浓缩为主要特征。在该时期，细胞被拉伸变形，细胞核核质高度浓缩（图Y7-4中7），染色质也浓缩，致使核体积缩小，核膜间隙增大，核膜呈波浪形（图Y7-4中8）。核质中染色质高度浓缩（图Y7-4中9），细胞核植入窝周围由于电子密度高低不均匀，导致核质中出现染色浅的核空泡区（图Y7-4中10）。

(3) 分化后期：主要以线粒体迁移为特征。线粒体最初呈无序、随机分布在精子细胞中，在核质浓缩后，逐渐发生移动，沿核排成半圆、包围细胞核，然后开始聚合，形成圆形或椭圆形（图Y7-4中11）。此时，原生质膜包被的微管轴丝贯穿线粒体鞘（图Y7-4中12），染色质、核质继续浓缩成电子密度极高的细长核区（图Y7-4中13），精子细胞多余的细胞质、细胞器及碎片被胞吐作用排除，精子细胞分化成熟为精子。

(4) 成熟精子：外形细长。头部为细长杆状，被质膜包裹，核质均匀，电子密度高，染色较深，质膜呈波浪形皱褶，与核膜紧密相贴。基本无细胞质和细胞器。核的后端通过中心粒嵌入植入窝与中段连接。尾部中段主要由线粒体组成，线粒体盘绕在轴丝外部，形成线粒体鞘，轴丝及轴丝微管与精子轴基本平行，电子密度较高（图Y7-4中14）。

3. 猪精子获能前后的超微结构变化　猪精子获能后，其形态结构呈连续性变化，头帽脱落，顶体染色由深变浅，精子核及核后帽的染色逐渐加深；一些精子的质膜局部膨胀并呈泡状，另一些精子质膜断裂和丢失，顶体膨胀，外膜内陷囊泡化（图Y7-5B）。在此过程中，少数精子可能发生顶体反应，由扁卵圆形变为梭形（图Y7-5C）。此外猪的品种不同，其精子形态结构也存在差异。

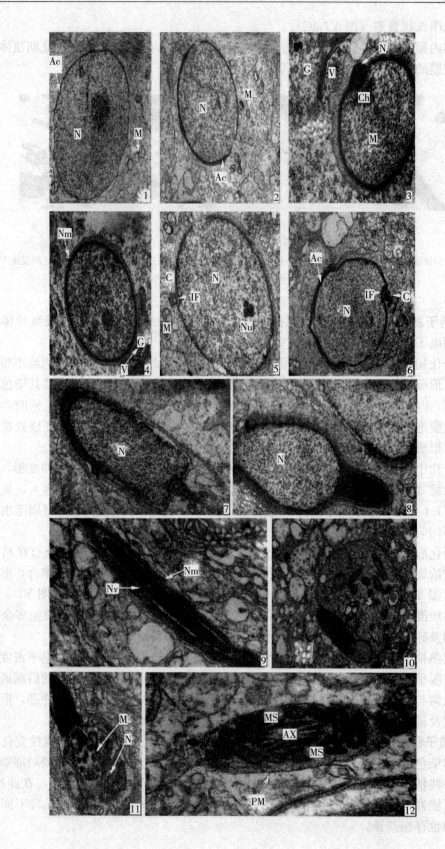

实验七 各种动物精子超微结构的电镜观察

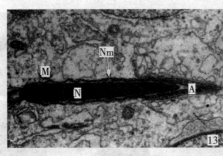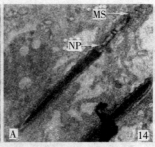

图 Y7-4 山羊精子超微结构

1、2. 分化初期染色质开始浓缩、形成顶体帽的精细胞 3. 分化初期细胞核区电子密度升高、染色加深的精细胞 4. 分化初期核另一侧出现大量囊泡和高尔基体聚焦的精细胞 5、6. 分化初期核中心粒移到细胞核一侧,使该处核膜受挤压而内陷,形成明显植入窝的精细胞 7. 分化中期细胞核高度浓缩的精细胞 8. 分化中期核膜呈波浪形的精细胞 9. 分化中期核质中染色质高度浓缩的精细胞 10. 分化后期线粒体沿核排成半圆包围细胞核、出现染色浅的核空泡区的精细子 11. 线粒体形成圆形或椭圆形的精细胞 12. 原生质膜包被的微管轴丝贯穿线粒体鞘的精细胞 13. 染色质和核质继续浓缩成电子密度极高的细长核区的精细胞 14. 成熟的精子(线粒体盘绕在轴丛外部,形成线粒体鞘)

A. 顶体 Ac. 顶体中心粒 AX. 轴丝 C. 中心粒 Ch. 染色质 G. 高尔基复合体 IF. 植入窝 M. 线粒体 MS. 线粒体鞘 N. 细胞核 Nm. 核膜 NP. 颈段 Nu. 核仁 Nv. 核空泡 PM. 原生质膜 V. 囊泡

(施力光等,2010)

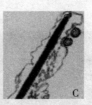

图 Y7-5 猪精子获能前后超微结构变化

A. 获能前的精子 B. 获能后质膜局部膨胀呈泡状的精子 C. 发生顶体反应的精子
n. 细胞核 f. 局部肿胀的质膜

(秦鹏春等,1995)

4. 犬精子超微结构 在扫描电镜下,犬精子呈蝌蚪状,头部呈扁卵圆形。在透射电镜下精子纵切面头部呈楔形,头部细胞膜由外向内分别由质膜、顶体外膜、顶体内膜和核膜组成。精子尾部中段横切面由外向内可见线粒体鞘膜、9束外周致密纤维、9对轴丝和2根中央微管。精子头长约为 $5.40\mu m$、宽 $3.26\mu m$,颈长 $1.25\mu m$、颈宽 $0.55\mu m$,尾部中段长 $11.34\mu m$,中段直径 $0.87\mu m$,尾部长 $55.70\mu m$,线粒体螺旋数为 44 旋。鲜精中的异常精子主要表现为头部畸形和尾部畸形(图 Y7-6)。

5. 马鹿精子冷冻前后超微结构变化 马鹿精子头呈扁平的卵圆形,长约 $5.95\mu m$。颈部很短且不明显,长约 $0.45\mu m$,宽为 $0.62\mu m$。尾部中段横切面近圆形,直径约为 $0.58\mu m$,轴丝为 $9\times 2+2$ 型;线粒体鞘螺旋段为 64~70 转。尾部末段仅见质膜包围,9束微管和 1 对中央微管,形成 9+2 微管结构。冷冻/解冻后部分精子结构发生了变化,一些精子肿胀、质膜皱褶、扭曲,部分质膜损坏或溃散;顶体轻度肿胀,顶体外膜凸凹不平,形成突起。冷冻对头部破坏程度较小(图 Y7-7)。

6. 驴和马精子超微结构 驴精子头部矢切面可见电子密度较高的核,核内物质均匀致密,由核向外依次为核膜、紧贴核膜顶体内膜的顶体层、顶体外膜、平行紧贴顶体外膜的原

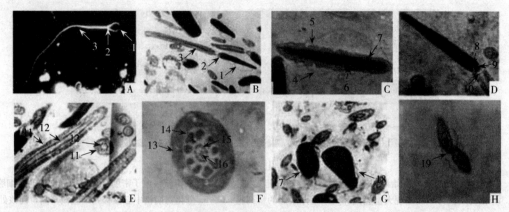

图 Y7-6　德国牧羊犬正常和异常精子超微结构

A. 精子完整结构（扫描电镜，×2 000）　B. 精子完整结构（透射电镜，×5 000）　C. 精子头部完整结构（透射电镜，×17 000）　D. 精子颈部完整结构（透射电镜，×8 000）　E. 精子尾部完整结构（透射电镜，×20 000）　F. 精子尾部中段横切面（透射电镜，×50 000）　G. 精子头部畸形（透射电镜，×12 000）　H. 精子尾部畸形（透射电镜，×20 000）

1. 头部　2. 颈部　3. 尾部　4. 质膜　5. 顶体外膜　6. 顶体内膜　7. 核膜　8. 植入窝　9. 小头　10. 中心粒　11. 线粒体鞘横切面与纵切面　12. 轴丝　13. 线粒体鞘　14. 9 束外周致密纤维　15. 9 对轴丝　16. 2 根中央微管　17. 大圆头　18. 巨头　19. 双尾（横切面）

（沈留红等，2013）

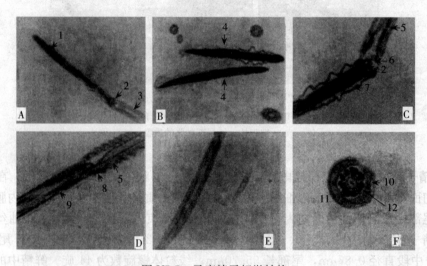

图 Y7-7　马鹿精子超微结构

A. 精子头、颈、尾中段一半部分纵切（×8 000）　B. 精子头部纵切（×8 000）　C. 精子头尾连接部纵切（×10 000）　D. 精子尾部中段和主段纵切（×10 000）　E. 精子尾部中段纵切（×8 000）　F. 精子尾中段起始部横切

1. 顶体帽　2. 植入窝　3. 线粒体　4. 头部赤道板　5. 尾部中段线粒体螺旋体　6. 颈部内中心粒　7. 头部质膜　8. 终环　9. 尾部主段　10. 线粒体鞘膜　11. 9 束外致密纤维　12. 9 束二联微管，中心为 1 对中央微管（×40 000）

（史文清等，2010）

生质膜。

在头的最前端可见小的突起，为顶体脊。在顶体之后可见到由顶体外膜、顶体、顶体内膜共同连接形成的环状条带赤道板。往后，可见头与颈相衔接部植入窝、颈和尾部各段。顶体套在头部。驴精子顶体厚度较马精子薄。关中驴精子的正常顶体，外膜和原生质膜互相平

行,较光滑,两层膜中间空隙很小。在中段横切面可见到内、外圈纤丝,外圈较粗,内圈较细,中心有一对纤丝也明显可辨。在横切面和纵切面,均可清晰地看到线粒体。驴精子的线粒体横切面呈圆形,大小较均匀,尤其每相邻的两个更近似。但在横切面,沿长轴两端线粒体的长度为短轴两端的2~3倍。正常线粒体螺旋圈外裹一层鞘膜。在精子中段末可见远端中心粒,在主段和末段均可见内外圈纤丝(图 Y7-8)。

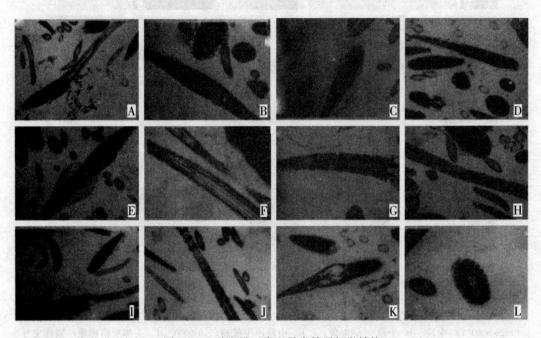

图 Y7-8 驴和马正常和异常精子超微结构

A. 驴精子(头部为斜切面。×10 000) B. 马精子正常顶体(×2 000) C. 驴精子头部矢切面(顶体诸层膜翻卷,顶体电子密度下降,内容物丢失;双侧膜对称性膨胀。×20 000) D. 马精子头部矢切面(原生质膜及顶体外膜向外扩张呈波浪状,顶体形态基本完好。×15 000) E. 驴精子异常顶体(顶体肿胀,中段膜严重扩张,线粒体排列错乱。×15 000) F. 马精子异常顶体(原生质膜和顶体外膜局部破损,电子密度下降,内容物丢失,左下为正常顶体。×15 000) G. 驴精子中段(原生质膜完整,纤丝清晰,线粒体排列整齐,大小均匀。×20 000) H. 驴精子主段和末段纵切面(膜基本完好,螺旋排列整齐一致。×25 000) I. 驴精子中段异常(纵切面,原生质膜基本完好,纤丝清晰,但线粒体破碎,已模糊不清。×25 000) J. 驴精子主段异常(原生质膜消失,中心纤丝尚存,螺旋鞘膜脱落、破损。×25 000)。K. 驴精子异常顶体(矢切面,原生质膜和顶体外膜一起向外肿胀,顶体内形成空泡。×15 000) L. 驴精子中段横切(线粒体排列整齐,鞘明晰。×25 000)

(王前等,1995)

7. 虎精子超微结构 东北虎精子全长(12.57±1.25)μm,其中,头呈椭圆形,长径约4μm(3.98±0.5)、短径约3.5μm(3.41±0.5);颈段较短,不到1μm(0.66±0.106),内含中心粒和节柱;中段长约4μm(3.627±1.166),由线粒体包围;线粒体为31~34旋,轴丝为常见的"9+2"结构。主段和末段长约40μm(39.31±1.25)。在头部和尾部颈段处及尾部中段前方常见原生质,内含线粒体。冷冻对精子损伤主要表现在质膜和线粒体,质膜易发生膨胀或断裂,顶体囊泡化或溃散,而质膜和顶体丢失现象较少(图 Y7-9)。

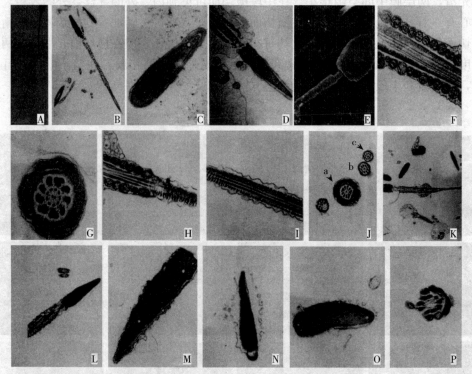

图 Y7-9　东北虎正常和异常精子超微结构

A. 精子显微结构（×400）　B. 精子超微结构（纵切，×4 000）　C. 精子顶体（×20 000）　D. 头部凹陷部（×12 000）　E. 颈段（扫描电镜，×13 000）　F. 尾部中段纵切（×30 000）　G. 尾部中段横切（×40 000）　H. 尾部中段与主段交界处（×25 000）　I. 尾部主段纵切（×25 000）　J. 尾部横切（×25 000）（a. 中段　b. 主段　c. 末段）　K. 中段原生质滴（×4 000）　L. 头部质膜膨胀，顶体完好（×10 000）　M. 头部质膜膨胀，顶体未囊泡化（×20 000）　N. 头部质膜与顶体囊泡化（×15 000）　O. 头部质膜和顶体囊泡化（×20 000）　P. 中段横切，线粒体损伤（×20 000）

(刘洋等，2005)

五、作　业

（1）绘制正常牛、羊精子的构造示意图。
（2）绘制获能后牛、羊精子的变化示意图。
（3）通过对各种动物精子超微结构的观察，描述精子发生顶体反应的特征。

六、思 考 题

（1）精子超微结构与功能有何关系？
（2）与精子受精功能关系最密切的超微结构是什么？

(潘庆杰　董焕声　编)

实验八　精子顶体检查和存活时间及存活指数测定

一、实验目的及要求

熟练掌握精液抹片、染色、显微观察方法；加深对精子生理、生化基础理论知识的理解；掌握精子活力检查、存活时间测定、存活指数计算等方法。

二、实验原理

精子顶体检查是评定精液冷冻效果的重要指标。精子顶体是精子和卵子结合的重要结构，形态结构正常与否直接关系到能否受精以及受精的质量。精子顶体异常包括顶体膨胀、顶体破损、顶体部分脱落和全部脱落，主要与精子生成过程受影响、副性腺分泌物异常、精液体外保存时间过长、遭受低温打击特别是冷冻伤害等因素有关。通过顶体染色，观察正常精子顶体和异常精子顶体形态，计算精子顶体完整率。

精子的存活时间是判断精子生存力的重要指标，而存活指数则是精子的存活时间和活力变化的一项综合指标，与受精率密切相关，可以评价和筛选精液稀释液、稀释倍数、保存温度以及保存方法等。精子的存活时间越长，存活指数越大，说明精子活力越强，精液品质越好。

三、实验材料

（一）器械

生物显微镜（含有100×油镜）、冰箱、液氮罐、温度计、广口保温瓶、载玻片、盖玻片、滴管、染色缸、染色架、储精细瓶、玻片镊、5mL带活塞的试管、5mL一次性塑料注射器。

（二）试剂

1. 精液样品　动物的新鲜精液或解冻后的冷冻精液。

2. 磷酸盐缓冲液配制　称取2.2g $Na_2HPO_4 \cdot 12H_2O$ 和0.55g $NaH_2PO_4 \cdot 2H_2O$，置于100mL容量瓶中，加入约30mL蒸馏水，待溶解后，用蒸馏水定容至100mL，pH为7.0~7.2。

3. 福尔马林磷酸盐固定液配制

（1）称取2.25g $Na_2HPO_4 \cdot 12H_2O$ 和0.55g $NaH_2PO_4 \cdot 2H_2O$，置于100mL烧杯中，加入0.89%NaCl溶液约30mL，在30℃下静置3~4h，使之溶解。

（2）加入经 $MgCO_3$ 饱和的甲醛溶液8mL。该液的配制方法是在500mL的福尔马林

（40％甲醛）中加入 8g $MgCO_3$，须在 1 周前配制好，使 pH 由原来 3.84 提高到 5.0 左右。

（3）加 0.89％NaCl 液至 100mL。静置 24h，pH 为 7.0～7.2，室温保存备用。

4. 姬姆萨原液配制　取姬姆萨染料 1g、甘油 66mL、甲醇 66mL，将研细的姬姆萨染料加入少量温热（60℃）的甘油中，在研钵内充分研磨直至完全无颗粒呈匀浆而止，再将剩余甘油倒入，置 56℃恒温箱中 2h，分次用甲醇清洗容器于棕色瓶中保存（至少保存 2 周后才可使用，此原液放置时间越长越好），使用前过滤。

5. 姬姆萨染液的配制　以每个抹片需染液 2mL 确定所需染液量，配制好的染液需立即使用，放置时间过长会使染色效果减退。

姬姆萨染液的配制原液、缓冲液、蒸馏水的比例为 2∶3∶5。例如：一个教学班做 40 个抹片，每个抹片需染液 2mL，则需配 80mL 新鲜染色液。分别取姬姆萨原液 16mL、缓冲液 24mL、蒸馏水 40mL，混合即可。

6. 苏木精-伊红染液的配制

（1）苏木精染液：将苏木精溶于无水乙醇，将硫酸铝溶于水，两液混合加热煮沸 2min，加入碘酸钠及柠檬酸。

（2）伊红染液：取 1g 伊红，溶于 200mL 无水乙醇，得 0.5％伊红酒精溶液。

7. Diff-Quik 染色液　该染色液已商品化，可直接购买，由三个部分组成，分别是固定剂（Diff-Quik Fix，主要成分是甲醇、三芳基甲烷染料）、染液Ⅰ（Diff-QuikⅠ，主要成分是嗜酸性氧杂蒽）、染液Ⅱ（Diff-QuikⅡ，主要成分是嗜碱性硫氮杂苯）。原包装未开封染色液的有效期为 24 个月，开封后须尽快使用，每次用后应及时拧紧瓶盖，以免挥发或变质。

该染液应储存在相对湿度不大于 80％，无腐蚀性气体和通风良好的 5～30℃室温环境。

8. 精液稀释液　7％葡萄糖溶液。

四、实验内容及操作步骤

（一）精子顶体检查

1. 抹片　将需测定精液样品摇匀，在精液的中层用吸管吸取一小滴精液，平滴在载玻片的右端，取另一边缘光滑平直的载玻片（或盖玻片）呈 35°角自精液滴的左侧向右侧接触样品，样品精液滴即呈条状分布在两个载玻片接触边缘之间，将上面的载玻片贴着平置的载玻片表面自右侧向左侧匀速移动，使样品精液滴均匀地涂抹在载玻片上。在精液抹片正反面做标记，每份精液样品同时制作两个抹片。

2. 风干　自然干燥 5～20min 后即固定染色，不可久置。

3. 固定　将风干抹片平置于染色架上，用滴管吸取 1～2mL 福尔马林磷酸盐缓冲固定液，滴在抹片上，轻轻摇动，使固定液布满整个抹片表面，静置固定 15min。

4. 水洗　用玻片镊夹住抹片一端，将固定液弃至染色缸内，在蒸馏水缸中涮洗，取出立于瓷盘边待干。

5. 染色　将固定风干后的抹片平置于染色架上，选用下列任意一种染色液进行染色。

(1) 姬姆萨染色：用滴管吸取新配制的姬姆萨染液 2mL，自左向右滴在涂片上，使染液均匀布满抹片，静置染色 90min。

(2) 苏木精-伊红染色：取苏木精染液，滴于风干后的抹片上，静置 15min，用蒸馏水洗去染色液，待其自然风干后，再用 0.5%伊红复染液滴于经苏木精初染的抹片上，复染 2~3min。

(3) Diff-Quik 染色：将完全干燥的抹片放入固定剂（Diff-Quik Fix）中 10~20s，取出后抹片直接放入染液Ⅰ中染色 5~10s，同时上下移动抹片使染液均匀分布、着染，直接取出抹片，放入染液Ⅱ中染色 5~10s，同时上下移动抹片使染液均匀分布、着染，直接取出抹片后放入清水中洗去残留染液，自然晾干。

必须注意的是：①抹片需全部浸入染色液中，在染色过程中上下移动抹片数次，使染液与抹片充分均匀接触。②在不同染色液之间转化时不需要清洗抹片。③染色液使用时间较长后，染色所需时间相对延长。如读片时发现染色不足，可对抹片进行复染。

6. 水洗 用步骤 4 的方法水洗除去抹片上的染色液，每张抹片经数次涮洗，直至水洗液无色为止，风干。

7. 显微镜观察 将精液样品抹片置于生物显微镜油镜下或者相差显微镜高倍镜观察 300 个精子，并统计出顶体完整型精子数。要求检查的两张抹片精子顶体完整率差异不超过 15%，求其平均值，即为样品精液的顶体完整率。

在顶体染色中，用姬姆萨染液染色的精子顶体呈紫色；用苏木精-伊红染液染色的精子，细胞膜呈黑色，顶体和核染成紫红色。用 Diff-Quik 染液染色，精子头部染成深紫色，顶体区染成淡紫色，中段及尾部染成淡红色。因此，依据精子头部结构示意图（图 Y8-1）可将精子顶体、细胞膜、核、头、颈、尾等区分开来。

8. 顶体形态分型 依据精子形态、细胞膜及顶体的完整与否，将精子顶体结构分为 4 种类型。

(1) 顶体完整型：精子头部外形正常，细胞膜和顶体完整、着色均匀，顶脊、赤道段清晰。

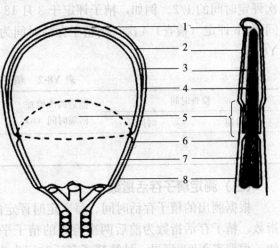

图 Y8-1 精子头部构造
1. 顶体 2. 细胞膜 3. 顶体囊 4. 顶体囊内膜
5. 赤道段 6. 核后帽 7. 核膜 8. 下顶体区

(2) 顶体膨变型：顶体着色均匀，但头部边缘不整齐呈畸形，核前细胞膜不明显或部分缺损。

(3) 顶体破损型：顶体着色不均匀，细胞核脱离，形成缺口或陷凹。

(4) 顶体全脱型：赤道段以前的细胞膜缺损，顶体已全部脱离细胞核。

9. 顶体完整率计算 计算顶体完整的精子数和所观察的精子总数，二者的百分比即为顶体完整率。一般要求两张抹片顶体完整率差异不超过 15%，求二者平均值。

$$顶体完整率=顶体完整精子数/精子总数×100\%。$$

精子顶体完整率测定记录表见表 Y8-1。

表 Y8-1　精子顶体完整率测定记录

畜种（号）：　　　精液类型：　　　精子活力：

片号	顶体完整型（个）	异常顶体型（个）			顶体完整率（%）	平均顶体完整率（%）
		顶体膨变型	顶体破损型	顶体全脱型		
1						
2						
3						
⋮						

（二）精子存活时间测定

1. 精液处理　取新鲜精液 2mL 于试管中，加 2～3 倍量 7% 葡萄糖溶液混匀、稀释，用 2 支试管分装，测定精子活力，缓慢降温至 5℃，放入同温度的广口保温瓶或冰箱内保存（或置于 35～37℃ 的水浴锅或恒温箱内）。

2. 定时评定精子活力　每隔 4～6h，采用无菌操作方法取一滴精液于载玻片上，覆加盖玻片，于 37℃ 下镜检精子活力，记录结果。如此检查直到无直线运动的精子为止。此时再将另一支试管精液取出进行检查，作为对照。如果后一支试管中的精子尚未全部死亡，则以后一支的存活时间为准。

3. 存活时间的计算　精子存活时间是指从评定开始到评定结束的间隔时间减去最后两次评定时间的 1/2。例如，精子评定于 3 月 18 日 8:00 开始，至 3 月 24 日 16:00 结束，每天间隔 6h 评定（检查）4 次，则精子存活时间为 141h（144－6/2）。精子存活时间记录表见表 Y8-2。

表 Y8-2　精子存活时间记录

检查时间		前后两次检查间隔时间（h）	精子活力评级	前后两次检查平均活力	平均活力与间隔时间之积
日期	时间				

（三）测定精子存活指数

根据测出的精子存活时间、每次定时评定的精子活力及间隔时间，即可求出精子的存活指数。精子存活指数为前后两次检查的精子平均活力与两次检查间隔时间之积的总和。例如，根据表 Y8-3 记录，计算精子存活时间为 33h（30＋6/2），精子存活指数为 14.7（4.8＋3.6＋2.7＋2.1＋1.2＋0.3）。

表 Y8-3　精子存活时间记录

检查时间		前后两次检查间隔时间（h）	精子活力评级	前后两次检查平均活力	平均活力与间隔时间之积
日期	时间				
5.20	6:00	0	0.9	—	—
	12:00	6	0.7	0.8	4.8
	18:00	6	0.5	0.6	3.6
	24:00	6	0.4	0.45	2.7
5.21	6:00	6	0.3	0.35	2.1
	12:00	6	0.1	0.20	1.2
	18:00	6	0	0.05	0.3

必须注意的是：①评定精子活力时的温度应为37℃，否则会影响评定结果的准确性。②在整个测定期间，储精小瓶内的精液温度必须保持恒定，在取样观测时，必须进行无菌操作，以防止整个储精小瓶内的精液被污染。

五、作　业

（1）按表 Y8-1 格式记录精子顶体检查结果。
（2）按表 Y8-2 格式记录并计算所检测的精液精子存活时间和精子存活指数。

六、思 考 题

（1）简述精子顶体在受精中的重要性。
（2）简述精子存活时间长短与适时输精的关系。
（3）如何提高精子顶体完整率和存活时间？

（黄志坚　编）

实验九 动物精液保存

一、实验目的及要求

掌握牛、羊、猪、鸡等动物精液的常温、低温和冷冻保存的基本原理和操作流程，以及动物精液保存的几种基本方法；了解几种先进的精液稀释液配方和精液保存方法。

二、实验原理

1. 精液常温保存原理 精液在常温（一般是 15~25℃）和弱酸性环境条件下，由于精子活动受到抑制，能量消耗降低；当 pH 恢复到中性时，精子又可复苏。因此，在精液稀释液中加入弱酸性物质，调整酸性环境，从而抑制精子的活动，即可达到在一定时间保存精子的目的。

2. 精液低温保存原理 精液在低温（一般是 0~5℃）条件下，精子呈现休眠状态，代谢机能和活动力减弱；当温度回升后，精子又逐渐恢复正常的代谢机能而不丧失其受精能力。为避免精子发生冷休克，在稀释液中需添加一定浓度的卵黄、乳类等抗冷物质，并采取缓慢降温的方法。

3. 精液冷冻保存原理 精液经过特殊处理后，在超低温（一般是-79~-196℃）条件下，以冻结形式存在，精子的代谢活动完全受到抑制，当温度回升后又能复苏，且具有受精能力。

三、实验材料

1. 器械 天平、显微镜、高压锅、冰箱、恒温箱、水浴锅、电炉、液氮罐、保温瓶、铝饭盒、量筒、量杯、烧杯、试管、温度计、低温温度计、盖玻片、载玻片、玻璃棒、细管等。

2. 试剂 葡萄糖、碳酸氢钠、二水柠檬酸钠、氯化钾、氨基乙酸、氨苯磺酸、明胶、磺胺甲基嘧啶钠、柠檬酸钠、Tris、果糖、磷酸氢二钠、磷酸二氢钠、一水柠檬酸、谷氨酸钠、磷酸氢二钾、磷酸二氢钾、醋酸钠、氯化钠、乙二胺四乙酸（EDTA）、乳糖、甘油、卵黄、青霉素、链霉素、蒸馏水。

四、实验内容及操作步骤

（一）精液的常温保存

1. 牛精液常温保存

（1）康奈尔大学稀释液的配制：准确称取葡萄糖 0.30g、碳酸氢钠 0.21g、二水柠檬酸钠 1.45g、氯化钾 0.04g、氨基乙酸 0.937g、氨苯磺酸 0.30g，放入消毒过的干燥量杯内，用蒸馏水稀释至 100mL 配成基础液，溶解后用滤纸过滤，密封，高压灭菌，冷却至 30℃ 以下。取 80mL，加入 20mL 卵黄，另加入青霉素、链霉素各 10 万 U。

（2）精液的准备：采集的新鲜精液，在 38~40℃ 下用显微镜检查，精子活力不低于 0.65。

（3）预热：将稀释液和精液放于水浴锅中预热至 33~37℃，以精液温度为标准，使两者同温度。

（4）稀释：将稀释液与精液按 4:1 的比例沿杯壁缓慢加入精液中，边加边用灭菌玻璃棒缓慢搅匀。

（5）保存：将稀释的精液用试管（或小瓶）分装后，用 4 层干毛巾（或棉花纱布）包裹，放入 8~15℃ 恒温箱中使其逐渐降温，然后维持温度不变。

2. 羊精液常温保存

（1）RH 明胶稀释液的配制：准确称取明胶 10g、磺胺甲基嘧啶钠 0.15g，放入消毒过的干燥量杯内，用蒸馏水稀释至 100mL，溶解后用滤纸过滤，然后密封，高压灭菌后，冷却备用。使用前加入青霉素和链霉素各 10 万 U。

（2）精液的准备：将采集的精液在 38~40℃ 下用显微镜检查，精子活力不低于 0.65。

（3）预热：将稀释液放水浴锅中预热至 33~37℃，以精液温度为标准，使两者同温度。

（4）稀释：将稀释液与精液按 2:1 的比例沿杯壁缓慢加入精液中，边加边用灭菌玻璃棒缓慢搅匀。

（5）保存：将稀释的精液用试管（或小瓶）分装后，用 4 层干毛巾（或棉花纱布）包裹，放入 10~14℃ 恒温箱中使其逐渐降温并保持温度恒定。

3. 猪精液常温保存

（1）BTS 稀释液配制：准确称取葡萄糖 3.7g、EDTA 0.125g、柠檬酸钠 0.6g、碳酸氢钠 0.125g、氯化钾 0.075g，放入消毒过的干燥量杯内，用蒸馏水稀释至 100mL，溶解后用滤纸过滤，然后密封，高压灭菌后，冷却。使用前另加入青霉素和链霉素各 10 万 U。

（2）精液的准备：用手握法采集公猪精液，用消毒的 4 层脱脂纱布过滤，去除胶状物，同时在 38~40℃ 下用显微镜检查，精子活力不低于 0.65。

（3）预热：将稀释液放入水浴锅中预热至 33~37℃，以精液温度为标准，使两者同温度。

（4）稀释：将稀释液与精液按 2:1 的比例沿杯壁缓慢加入精液中，边加边用灭菌玻璃棒缓慢搅匀。

（5）保存：将稀释的精液用试管（或小瓶）分装后，用 4 层干毛巾（或棉花纱布）将其包裹，放入 15~20℃ 恒温箱中使其逐渐降温，保持温度恒定。

4. 鸡精液常温保存

（1）磷酸盐稀释液的配制：准确称取果糖 3.6g、磷酸氢二钠 0.2g、磷酸二氢钠 0.3g，放入消毒过的干燥量杯内，用蒸馏水稀释至 100mL，溶解后用滤纸过滤，然后密封，高压灭菌后冷却备用，使用前加青霉素和链霉素各 5 万 U。

（2）精液的准备：采用按摩法采集鸡精液，在 38~40℃ 下用显微镜检查，精子活力不低于 0.65。

（3）预热：将稀释液放入水浴锅中预热至 33~37℃，以精液温度为标准，使两者同温度。

(4) 稀释：将稀释液与精液按 1∶1 的比例沿杯壁缓慢加入精液中，边加边用灭菌玻璃棒缓慢搅匀。

(5) 保存：将稀释的精液用试管（或小瓶）分装后，用 4 层干毛巾将其包裹，放入 17℃ 恒温箱中使其逐渐降温，保持温度恒定。

（二）精液的低温保存

1. 牛精液低温保存

(1) 葡-柠-卵稀释液的配制：准确称取葡萄糖 2.4g、柠檬酸钠 1.12g，放入消毒过的干燥量杯内，用现制蒸馏水稀释至 80mL，溶解后用滤纸过滤，然后将其密封，高压灭菌，冷却，使用前加入卵黄 20mL，青霉素和链霉素各 10 万 U。

(2) 精液的准备：采集的新鲜精液，在 38～40℃ 下用显微镜检查，精子活力不低于 0.65。

(3) 预热：将稀释液放入水浴锅中预热至 33～37℃，以精液温度为标准，使两者同温度。

(4) 稀释：将稀释液与精液按 1∶1 的比例沿着杯壁缓慢加入精液中，边加边用灭菌玻璃棒缓慢搅匀。

(5) 保存：将稀释的精液用试管（或小瓶）分装后，封口，排出空气，用 4 层干毛巾将其包裹，装入塑料袋内，在室温下平衡 60min 左右后，放入 4℃ 冰箱中使其逐渐降温并保持温度不变。

(6) 升温：低温保存的精液在输精前，将存放精液的试管或小瓶直接投入 30℃ 温水中进行升温处理。

2. 羊精液低温保存

(1) 卵黄-Tris-果糖稀释液的配制：准确称取 Tris 3.634g、果糖 0.50g、一水柠檬酸 1.99g，放入消毒过的干燥量杯内，用现制蒸馏水稀释至 86mL，溶解后用滤纸过滤，然后将其密封，高压灭菌，冷却，使用前加入卵黄 14mL，青霉素和链霉素各 10 万 U。

(2) 精液的准备：取新鲜精液，在 38～40℃ 下用显微镜检查，精子活力不低于 0.65。

(3) 预热：将稀释液放入水浴锅中预热至 33～37℃，以精液温度为标准，使两者同温度。

(4) 稀释：把稀释液按 1∶1 的比例缓慢加入精液中，边加边缓慢搅匀。

(5) 保存：将稀释的精液用试管（或小瓶）分装后，用 4 层干毛巾将其包裹，装入塑料袋内，放入 4℃ 冰箱中使其逐渐降温保存，温度保持不变。

(6) 升温：低温保存的精液在输精前，将存放精液的试管或小瓶直接投入 30℃ 温水中进行升温处理。

3. 猪精液低温保存

(1) 葡-柠-卵稀释液配制：准确称取葡萄糖 5.0g、二水柠檬酸钠 0.5g，放入消毒过的干燥量杯内，用现制蒸馏水稀释至 100mL，溶解后用滤纸过滤，然后密封，高压灭菌，冷却，使用前取 97mL，加入 3mL 卵黄，另加入青霉素和链霉素各 10 万 U。

(2) 精液的准备：采集的新鲜精液，用消毒的 4 层脱脂纱布过滤，去除胶状物，同时在 38～40℃ 下用显微镜检查，精子活力不低于 0.65。

(3) 预热：将稀释液放入水浴锅中预热至 33～37℃，以精液温度为标准，使两者同温度。

(4) 稀释：把稀释液按 1∶1 的比例缓慢加入精液中，边加边缓慢搅匀。

(5) 保存：将稀释的精液用试管（或小瓶）分装后，用 4 层干毛巾将其包裹，装入塑料袋内，放入 4℃冰箱中使其逐渐降温保存，温度保持不变。

(6) 升温：低温保存的精液在输精前，将存放精液的试管或小瓶直接投入 30℃温水中进行升温处理。

4. 鸡精液低温保存

(1) 稀释液的配制：准确称取葡萄糖 0.500g、柠檬酸钠 0.0536g、谷氨酸钠 0.867g、磷酸氢二钾 1.270g、磷酸二氢钾 0.065g、醋酸钠 0.430g、氯化钠 0.199g、Tris 0.103g，放入消毒过的干燥量杯内，用现制蒸馏水稀释至 100mL，溶解后用滤纸过滤，煮沸消毒，冷却，使用前加青霉素和链霉素各 5 万 U。

(2) 精液的准备：采用按摩法采集鸡精液，在 38～40℃下用显微镜检查，精子活力不低于 0.65。

(3) 预热：将稀释液放入水浴锅中预热至 33～37℃，以精液温度为标准，使两者同温度。

(4) 稀释：把稀释液按 1∶1 的比例缓慢加入精液中，边加边缓慢搅匀。

(5) 保存：将稀释的精液用试管（或小瓶）分装后，用 4 层干毛巾将其包裹，装入塑料袋内，放入 4℃冰箱中使其逐渐降温，维持温度恒定。

(6) 升温：低温保存的精液在输精前，将存放精液的试管或小瓶直接投入 30℃温水中进行升温处理。

（三）精液的冷冻保存

1. 牛精液冷冻保存

(1) 蔗糖-卵黄-甘油冷冻稀释液配制：取 12%葡萄糖液，过滤，煮沸消毒，冷却后取 75mL，加入卵黄 20mL、甘油 5mL、青霉素 1 000U/mL，链霉素 1 000U/mL，充分混匀后使用。

(2) 解冻液的配制：取柠檬酸钠 2.9g、蒸馏水 100mL，充分溶解后过滤，煮沸消毒，冷却后备用。

(3) 精液的准备：采集的新鲜精液，在 38～40℃下用显微镜检查，精子活力不低于 0.65，精子密度 $\geq 6 \times 10^8$ 个/mL。

(4) 预热：将稀释液和精液放入水浴锅中预热至 33～37℃，以精液温度为标准，使两者同温度。

(5) 稀释：把稀释液按 1∶2 的比例缓慢加入精液中，边加边缓慢搅匀。

(6) 平衡：将稀释后的精液用试管（或小瓶）分装后，用 4 层干毛巾将其包裹，放入冰箱内缓慢降温到 0～5℃，并保持 2～4h。

(7) 分装或滴冻：取牛用 0.25mL 细管，用吸管将精液吸入细管中，用封口粉封口。取一保温瓶或铝饭盒倒入液氮，放一冷冻支架，调节冷冻支架与液氮面的距离为 3～5cm，加盖直到液氮不沸腾，内部温度均匀一致。开盖，将精液细管放进冷冻支架上进行冷冻处理。工厂化生产时，常用自动分装机将精液灌装入细管（图 Y9-1）。

(8) 保存：将细管熏蒸 8min 后加盖继续熏蒸 5min，最后将细管冻精浸入液氮内，然后用纱布袋收集细管，做好标识，投入液氮罐中保存。

（9）解冻：用镊子将细管从液氮中取出，迅速投入 38～40℃水浴中浸泡并晃动，待完全溶解后立刻取出，用吸水纸或纱布擦干细管上的水珠，剪开封口粉的一段，让精液流入试管，用等温的解冻液稀释，37℃水浴孵育 5min 后取样观察，精子活力≥0.35，水牛≥0.30；精子畸形率≤18%，水牛≤20%时即为合格。

2. 羊精液冷冻保存

（1）乳糖-卵黄-甘油冷冻稀释液的配制：取 10%乳糖液，过滤，煮沸消毒，冷却后取 72.5mL，加入卵黄 25mL、甘油 2.5mL、青霉素 1 000U/mL、链霉素 1 000U/mL，充分混匀后使用。

（2）解冻液的配制：取柠檬酸钠 2.9g、蒸馏水 100mL，充分溶解后过滤，煮沸消毒，冷却后备用。

（3）精液的准备：采集的新鲜精液，在 38～40℃下用显微镜检查，精子活力不低于 0.65，精子密度≥$6×10^8$个/mL。

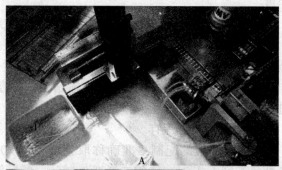

图 Y9-1　细管分装及相关设备
A. 细管分装设备　B. 细管分装
1. 细管　2. 细管分装机　3. 稀释后的精液
4. 灌装后的细管　5. 灌装前的细管
（刘耘　供图）

（4）预热：将稀释液和精液放入水浴锅中预热至 33～37℃，以精液温度为标准，使两者同温度。

（5）稀释：把稀释液按 1∶2 的比例缓慢加入精液中，边加边缓慢搅匀。

（6）平衡：将稀释后的精液用试管（或小瓶）分装后，用 4 层干毛巾将其包裹，放入冰箱内缓慢降温到 0～5℃，并保持 2～4h。

（7）滴冻：取羊用 0.25mL 细管，用吸管将精液吸入细管中，用封口粉封口。取一保温瓶或铝饭盒倒入液氮，放一冷冻支架，调节冷冻支架与液氮面的距离为 3～5cm，加盖直到液氮不沸腾，内部温度均匀一致。开盖，将细管放进冷冻支架上进行冷冻处理。

（8）保存：将细管熏蒸 8min 后加盖继续熏蒸 5min，最后将细管冻精浸入液氮内，然后用纱布袋收集细管，做好标记，投入液氮罐中保存。

（9）解冻：用镊子将细管从液氮中取出，迅速投入 38～40℃水浴中浸泡并晃动，待完全溶解后立刻取出，用吸水纸或纱布擦干细管上的水珠，剪开封口粉的一段，让精液流入试管，用等温的解冻液稀释后，37℃水浴孵育 5min 后取样观察，凡精子活力不低于 0.3，精子畸形率≤20%时即为合格。

3. 猪精液冷冻保存

（1）蔗糖-卵黄-甘油冷冻稀释液配制：将 8%葡萄糖过滤，煮沸消毒、冷却后，取 77mL，加入卵黄 20mL、甘油 3mL、青霉素 1 000U/mL、链霉素 1 000U/mL，充分混匀后使用。

(2) 葡-柠-乙酸解冻液配制：准确称取葡萄糖 5g、二水柠檬酸钠 0.3g、乙二胺四乙酸 0.1g，放入消毒过的干燥量杯内，用现制蒸馏水稀释至 100mL，充分溶解后过滤，煮沸消毒，冷却后备用。

(3) 精液的准备：手握法采集的新鲜精液，用消毒的 4 层脱脂纱布过滤，去除胶状物，同时在 38~40℃下用显微镜检查，精子活力不低于 0.65。

(4) 预热：将稀释液和精液放入水浴锅中预热至 33~37℃，以精液温度为标准，使两者同温度。

(5) 稀释：将稀释液按 1:2 的比例缓慢加入精液中，边加边缓慢搅匀。

(6) 平衡：将稀释后的精液用试管（或小瓶）分装后，用 4 层干毛巾包裹，放入冰箱内缓慢降温到 0~5℃，并保持 2~4h。

(7) 滴冻：取一保温瓶或铝饭盒倒入液氮，放一铜纱网或铝饭盒盖距液氮面 1~3cm 处预冷 5min，使其温度维持在 -80~-100℃。然后用吸管吸取平衡后的精液快速而均匀地滴于冷却后的铜纱网或铝饭盒的表面，制成 0.1~0.2mL 剂量的冷冻颗粒。

(8) 保存：滴冻结束后让精液颗粒停留 3min，待颗粒由黄变白，即可将铜纱网或铝饭盒盖浸入液氮，然后用青霉素瓶或纱布袋收集颗粒，做好标识，投入液氮罐中保存。

(9) 解冻：在 2mL 容量的试管内装入解冻液 1mL，放入 40℃的水浴中，随后取 1~2 粒精液投入试管中，立刻摇动直至颗粒融化再取出试管，取样观察，凡精子活力不低于 0.3，精子畸形率≤20%时即为合格。

4. 鸡精液冷冻保存

(1) 葡萄糖-卵黄-甘油液冷冻稀释液的配制：将 5%葡萄糖溶液过滤，煮沸消毒，冷却后取 77mL，加入卵黄 15mL、甘油 7mL、抗菌液 1mL（含青霉素和链霉素各 1 000U），充分混匀后使用。

(2) 解冻液的配制：葡萄糖 5.7g，准确称量，放入消毒过的干燥量杯内，用现制蒸馏水稀释至 100mL，充分溶解后过滤，煮沸消毒，冷却后备用。

(3) 精液的准备：采集的新鲜精液，在 38~40℃下用显微镜检查，精子活力不低于 0.65。

(4) 预热：将稀释液和精液放入水浴锅中预热至 33~37℃，以精液温度为标准，使两者同温度。

(5) 稀释：将稀释液按 1:2 的比例缓慢加入精液中，边加边缓慢搅匀。

(6) 平衡：将稀释后的精液用试管（或小瓶）分装后，用 4 层干毛巾包裹，放入冰箱内缓慢降温到 0~5℃，并保持 2~4h。

(7) 滴冻：取一保温瓶或铝饭盒倒入液氮，放一铜纱网或铝饭盒盖距液氮面 1~3cm 处预冷 5min 左右，使其温度维持在 -80~-100℃。然后用吸管吸取平衡后的精液快速而均匀地滴于冷却后的铜纱网或铝饭盒的表面，制成 0.1mL 剂量的冷冻颗粒。

(8) 保存：滴冻结束后让精液颗粒停留 3min，待颗粒由黄变白，即可将铜纱网或铝饭盒盖浸入液氮，然后用青霉素瓶或纱布袋收集颗粒，做好标识，投入液氮罐中保存。

(9) 解冻：在 1mL 容量的试管内装入解冻液 0.5mL，放入 40℃的水浴中，随后取 1~2 粒精液投入试管中，立刻摇动直至颗粒融化再取出试管，取样观察，凡精子活力不低于 0.3，精子畸形率≤20%时即为合格。

五、作 业

根据实验结果，分析影响精液保存效果的因素，总结精液保存的成功经验，写出实验报告。

六、思 考 题

(1) 简述精液常温、低温和冷冻保存的基本流程。
(2) 各种动物常温、低温和冷冻保存有何异同？

（李莉 编）

实验十 兔和鼠诱导发情与同期发情

一、实验目的及要求

了解兔和鼠诱导发情、同期发情及发情鉴定的原理与方法，加深对各种动物诱导发情与同期发情基本原理以及发情生理的理解。

二、实验原理

1. 诱导发情技术 利用外源激素、环境气候改变、断乳或性刺激等途径，通过内分泌和神经作用，激发卵巢从相对静止状态转变为相对活跃状态，促使卵泡正常生长发育，进而恢复正常的发情排卵。

2. 同期发情技术 在同一时期对动物群体进行诱导发情处理，或诱导动物群体在同一时期发情排卵的调控技术，即为同期发情技术。常应用外源激素同时延长或缩短黄体的寿命，人工控制孕激素对雌性动物发情排卵调控的时间，在同一时期内引起卵泡发育以达到同情发情的目的。同期发情的实质是使动物卵巢生理机能处于相同阶段。

三、实验材料

1. 器械 1mL一次性注射器，载玻片、自制消毒小棉签、显微镜等。
2. 试剂 PMSG、氯前列烯醇、孕酮、生理盐水、75%酒精棉球、瑞氏染色液等。

四、实验内容与操作步骤及注意事项

（一）兔

1. 实验动物 体重为3.0~4.0kg、体况良好的未孕母兔。

2. PMSG处理法 PMSG用自带稀释液或生理盐水溶解、稀释后，用1mL一次性注射器每只母兔大腿后侧肌内注射25IU。注射24h后，每隔8h观察1次发情，记录母兔外部发情表现情况，统计发情率。

3. 前列腺素处理法 氯前列烯醇用生理盐水稀释后，用1mL一次性注射器每只母兔大腿后侧肌内注射$20\mu g$，24h后，每隔8h观察发情1次，记录母兔外部发情表现情况，统计发情率。

4. 发情鉴定 发情母兔表现不安、跳跃跑动、踏足、食欲减退等行为变化；阴道有少量黏液分泌，阴门黏膜发红；公兔试情时，追逐甚至爬跨公兔，接受公兔爬跨。

（二）小鼠

1. 实验动物 6~8周龄未孕雌性昆明小鼠。

2. PMSG 处理法 取 PMSG，用专用稀释液或生理盐水溶解、稀释后，用 1mL 一次性注射器给每只小鼠腹腔注射 10IU。注射 48h 后，采用阴道细胞涂片法鉴定发情，记录小鼠阴道细胞变化情况，统计小鼠的发情率。

3. 前列腺素处理法 氯前列烯醇用生理盐水稀释后，用 1mL 一次性注射器每只小鼠腹腔注射 $0.5\mu g$，同时，背部皮下注射孕酮 $3\mu g$；3d 后，每只小鼠再腹腔注射 $0.5\mu g$ 氯前列烯醇。注射第二次氯前列烯醇 12h 后，采用阴道细胞涂片法观察发情，记录小鼠阴道细胞变化情况，统计小鼠的发情率。

4. 发情鉴定 采用阴道细胞检查法。

（1）取样：对小鼠进行适当保定后，取灭菌小棉签，用生理盐水润湿后轻轻插入阴门，充分插入后，转动棉签 2~3 圈，获取阴道细胞（图 Y10-1），然后，轻轻抽出棉签。

（2）涂片、固定：将取样棉签在准备好的载玻片上滚动涂片，让其充分干燥，或立即浸入甲醇溶液 5~10 次进行固定。

（3）染色：将载玻片平放，在固定好的样品上滴入几滴瑞氏染色液，3min 后，加入等量蒸馏水或去离子水，用滴管吹动液体使水与染液混匀，再染 3min。染好后，用自来水轻轻冲去染液。

图 Y10-1 小鼠阴道细胞采集

（4）镜检：在 100~400 倍镜下进行观察，确定主要的细胞类型。阴道细胞类型主要有白细胞（图 Y10-2A）、有核上皮细胞（图 Y10-2B）和无核角质化细胞（图 Y10-2C）。

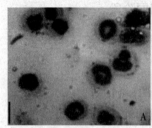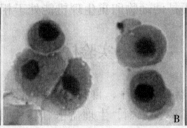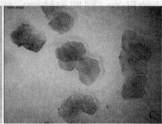

图 Y10-2 小鼠阴道细胞类型
A. 白细胞 B. 有核上皮细胞 C. 无核角质化细胞

发情周期不同阶段小鼠阴道细胞相不同，发情前期主要是有核上皮细胞（图 Y10-3A）；发情期具有大量的无核角质化细胞（图 Y10-3B）；发情后期三类细胞均有（图 Y10-3C）；间情期主要含白细胞，无核角质化细胞减少，有核上皮细胞逐渐增多（图 Y10-3D）。

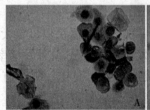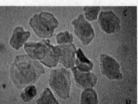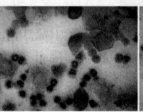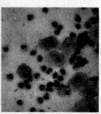

图 Y10-3 发情周期不同阶段小鼠阴道细胞相
A. 发情前期 B. 发情期 C. 发情后期 D. 间情期

（三）注意事项

1. **肌内注射部位** 兔的肌内注射部位如果选择臀部，须注意勿损伤坐骨神经。
2. **保定** 小鼠注射和阴道细胞采样要注意将其保定好，避免被其咬伤。
3. **阴道细胞染色** 小鼠阴道细胞染色可选择其他染色液，也可不染色，直接镜检。
4. **激素使用方法** 激素用量较小，注意适当稀释，确保注射剂量。

五、作 业

分析诱导小鼠或兔发情和同期发情的效果，提出改进措施，写出实验报告。

六、思 考 题

(1) 对雌性动物进行诱导发情除了使用外源性激素外还有哪些方法？
(2) PMSG 和氯前列烯醇在雌性动物发情调控中的作用有何不同？
(3) 影响诱导发情和同期发情效果的因素有哪些？

（袁安文　编）

实验十一　家兔超数排卵与胚胎移植

一、实验目的与要求

家兔既是生产动物，又是实验动物。本实验以家兔为实验动物，旨在培训学生掌握动物超数排卵和胚胎移植技术的原理和操作程序，加深对生殖激素生物学作用及作用机制和发情排卵调控的理解；掌握家兔超数排卵、同期发情、配种、手术法采胚（卵）、捡胚和胚胎移植的基本原理和操作技能，为开展家兔转基因、生物反应器、体细胞克隆等技术研究和生产应用奠定基础。

二、实验原理

在母兔的适宜生理时期应用促性腺激素（如促卵泡素、孕马血清促性腺激素、人绝经期促性腺激素）可以促进卵泡发育，应用促黄体素（LH）、前列腺素（如氯前列烯醇）可以促进排卵、甚至同期排卵。

将种用价值较高的母兔（供体）超数排卵所得胚胎移植到种用价值较低、处于生理同期的母兔（受体）生殖道（输卵管或子宫，取决于胚胎发育时期）内，发育成熟后，受体母兔分娩，产出供体母兔的后代（图 Y11-1）。

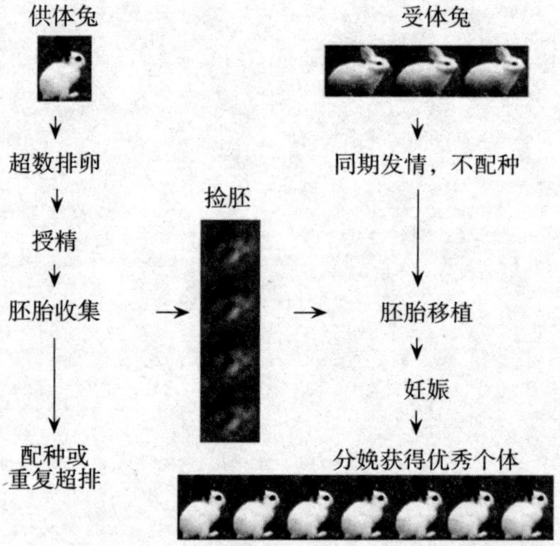

图 Y11-1　胚胎移植技术操作程序与基本原理

三、实验材料

1. 动物　供体和受体母兔。在生产实践中，供体母兔的种用价值或经济价值愈是高于受体母兔，胚胎移植的意义愈大。此外，要求供体和受体母兔的膘情好，而且经过标准化饲养。

2. 药品　FSH（促卵泡素）、PMSG（孕马血清促性腺激素）、LH、氯前列烯醇、2%普鲁卡因、速眠新、苏醒灵、生理盐水、75%酒精、2%碘酒、青霉素、链霉素、冲卵液（PBS）、保存液。

3. 器械　规格为 1、2、5、10mL 的注射器，手术刀，手术剪，手术镊，止血钳，创布，缝合针，缝合线，手术台，冲卵管，移胚管，连续变倍体视显微镜，表面皿，移植器等。

四、实验内容及操作步骤

(一) 供体及受体母兔选择

选择品种优良,生产性能、遗传性稳定,系谱清楚,体质健壮,繁殖机能正常、无遗传和传染性疾病,年龄在 1~2 周岁以内,种用或经济价值较高的母兔作为供体。受体母兔的种用价值或价值较低,但生理、特别是生殖机能正常,饲养管理较好。

(二) 供体母兔超数排卵

超数排卵的方法较多,但目前较多采用促卵泡素减量注射法进行处理,用手术法进行冲卵。

每次实验选择 6 只发情母兔 (阴道口潮湿呈粉红色),以总量 36IU 的 FSH 采用递减剂量 (表 Y11-1) 分 4d 进行 8 次皮下注射,最后一次加注 10IU 的 LH。

表 Y11-1 家兔超数排卵所用 FSH 和 LH 剂量处理程序

日期		FSH (IU)	LH (IU)
第 1 天	上午	6	0
	下午	6	0
第 2 天	上午	5	0
	下午	5	0
第 3 天	上午	4	0
	下午	4	0
第 4 天	上午	3	0
	下午	3	10

(三) 供体及受体母兔的同期发情

为使受体兔与供体兔处于相同或相近的生理阶段,以便胚胎着床,每次实验取受体兔进行假孕处理,与供体兔同期皮下注射 LH,并立即与输精管结扎的雄兔合笼饲养,刺激排卵,造成假孕生理状态。

(四) 供体兔配种

最后一次注射激素后,投入公兔,第 2 天便可进行胚胎回收。

(五) 胚胎回收 (手术法)

主要包括:器械和冲卵液的准备,供体兔的保定和麻醉,冲卵 (胚) 管的插入,灌流回收卵或胚胎,术后处理等环节 (图 Y11-2)。

冲胚一般在合笼 (配种) 后 72~96h、最多不超过 106h 较合适,这时冲洗出的胚胎 2~6μm 大小,晶莹透明,沉于培养皿底部,肉眼就能检胚,用吸胚管很容易操作,移植入受体兔也较易存活。

1. 麻醉 按每千克体重 0.1~0.2mL 的剂量,肌内注射速眠新合剂,进行麻醉。

2. 手术 麻醉后,保定于手术台,术部消毒,沿腹正中线切开,找出双侧输卵管,插入导管并固定。

3. 冲胚 用注射器抽取 5~6mL 冲卵液 (PBS+100U 青霉素+100μg 链霉素),由子宫向输卵管伞端冲洗,用平皿收集胚胎。

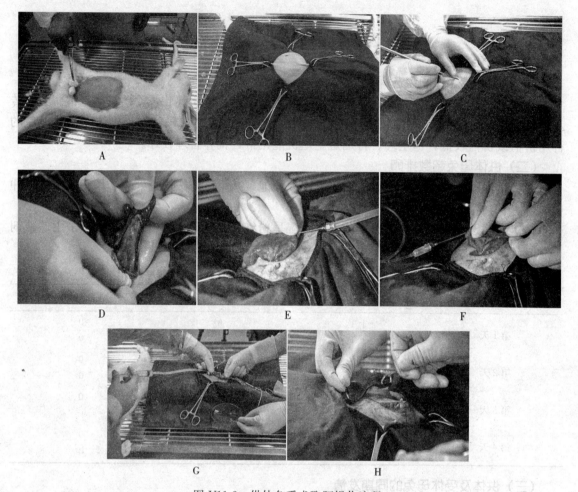

图 Y11-2 供体兔手术取胚操作流程
A. 剃毛清创 B. 罩上创布 C. 切开皮肤 D. 取出子宫角
E. 插入冲卵管 F. 插入回收管 G. 回收胚胎 H. 创口缝合

4. 术后处理 在缝合手术切口前用含青霉素和链霉素的 PBS 液冲洗输卵管，以防发生术后粘连。在第 2~3 次手术时，每次间隔至少 50d 以上，操作步骤同前，若手术切开腹腔后，发现输卵管有粘连者应淘汰，不能进行下一次试验。

5. 捡胚 在 20~40 倍解剖显微镜下取胚，用移液枪头轻吹打使之完全分离，筛选并捡取形态正常、透明带完整的胚胎。

6. 移植 受体兔注射 LH（注射时间可在注射供体兔之后）10IU 后与结扎输精管的公兔合笼，在供体兔手术取胚后，植入受体母兔的输卵管内，分别缝合肌层和皮肤，再放入笼中分笼饲养观察。

五、注意事项

（1）受体的生理时期必须与供体胚胎的胚龄保持一致。

（2）冲胚部位取决于胚龄或配种后天数。家兔在胚胎迁移至子宫前，应在输卵管冲胚，否则，在子宫冲胚。

六、作　业

根据实验结果，总结超数排卵和胚胎移植实验成功的经验，分析实验失败或不理想的原因，提出改进措施，写出实验报告。

七、思　考　题

(1) 供体家兔在输精前，为何必须注射促排卵激素或用结扎输精管的公兔进行交配处理？

(2) 家兔胚胎迁移至子宫的具体时间是在配种后多少天？

(3) 家兔为多胎动物，实施胚胎移植技术有何意义？

（李拥军　编）

实验十二 兔和鸡人工授精

一、实验目的及要求

以兔和鸡为例,熟悉动物人工授精的器械,了解其构造、用途和使用方法,加深对人工授精技术原理的理解;掌握假阴道的安装方法,了解采精的程序和操作要领;掌握兔和鸡常用的采精方法,了解输精过程,掌握输精方法。

二、实验原理

人工授精技术是以人工的方法,采集雄性动物的精液,经过检查、稀释、分装、保存等处理后,再将其输入到雌性动物生殖道的特定部位,以代替雌雄动物自然交配而繁殖后代的一种技术。

三、实验材料

1. 器械 兔用假阴道、集精杯、储精管、输精管、毛剪、保温桶、烘干箱、水浴锅、温度计、高压灭菌锅等。

2. 试剂 生理盐水、95%酒精、75%酒精、润滑剂、碳酸氢钠、新洁尔灭、促卵泡素、人绒毛膜促性腺激素等。

四、实验步骤

(一)兔人工授精

1. 采精前的准备

(1) 器械清洗、灭菌:人工授精所用器械如假阴道、输精管、集精杯等,每次使用后必须洗涮干净并灭菌。可用洗衣粉或2%~3%碳酸氢钠清洗,但每次洗后要用清水冲干净,然后灭菌。一般情况下,玻璃器械可高压蒸汽灭菌或干烤灭菌;橡胶制品用75%酒精棉球擦拭,或煮沸灭菌;金属器械用0.15%新洁尔灭溶液浸泡灭菌;毛巾、棉花等常高温蒸汽灭菌。

(2) 假阴道的安装:兔的假阴道由外壳、内胎和集精管三部分组成。外壳用聚丙烯塑料筒或橡胶管制作,长6~10cm,内径3~4cm,外壳中间钻一个0.5~0.8cm的小孔,以便灌水充气。内胎是橡胶的,可用避孕套(注意清洗)代替,两端剪断,翻在管上用皮筋扎紧即可(图Y12-1)。内胎长度一般为14~16cm,比外胎稍长,便于翻上来。为防止破损,内胎可用两层避孕套。集精管用小管或小药瓶代替即可。

图 Y12-1　兔用假阴道
1. 外壳　2. 内胎（用避孕套代替）　3. 皮筋　4. 外壳用于灌水和充气的小孔

安装时将内胎两端分别等长翻转于外壳上，再用橡皮圈固定，内胎装得稍松，以利于种公兔射精，然后再用另一只避孕套剪去部分盲端，将有翻口集精管塞入并扎紧，将避孕套同集精管放入内胎腔中，再将避孕套开口翻转到外壳上。

采精前，检查假阴道各部件，防止破损，并进行消毒。假阴道安装后，先用70%酒精擦内胎、集精管，用生理盐水冲洗2～3遍后，再经小孔灌进50～55℃的热水15～20mL，使胎内温度达40～42℃，然后在胎内涂抹稀释液或液状石蜡，用作润滑用。随后，测试温度，吹气，调节压力，使内胎呈三角形或四角形。温压合适，便可采精。

2. 采精方法　台兔用普通发情母兔即可，公兔稍经训练便可用假阴道采精。训练前须注意将公母兔隔离，增加人兔接触时间；训练时，先用母兔调情。采精的具体方法与其他家畜相同。采精时，一手抓住母兔双耳和颈部皮毛，保定母兔，另一手持假阴道伸入母兔腹下，假阴道开口端紧贴于母兔阴户，使假阴道与水平成30°角，当公兔爬在母兔背上时，采精者及时调整假阴道的角度，使公兔阴茎顺利进入假阴道射精（图Y12-2）。当公兔臀部猛地向前挺的瞬间，表明

图 Y12-2　家兔假阴道采精法

已经射精，可将假阴道缩回并使开口端向上，防止精液倒流，然后放掉假阴道内的气体和水，取下集精管，送人工授精室检验。

采精后将用具及时清洗晾干备用。

3. 精液稀释与保存

(1) 稀释倍数和稀释方法：精液稀释时，要求用事先准备好、与精液等温（25～30℃）的稀释液进行处理，严防温差过大、环境骤变、或稀释速度过快对精子的不良影响。一般液态保存兔精液稀释3～5倍为宜。操作时，用注射器或乳头吸管吸取稀释液，沿玻璃壁缓慢加入精液中，再稍加摇晃即可。

(2) 稀释液的配方：

①液态保存稀释液：常用配方列于表 Y12-1。

表 Y12-1　兔精液液态保存常用稀释液配方

成分	葡萄糖-柠檬酸钠液	葡萄糖-卵黄液	牛乳液	蔗糖液体	葡萄糖-柠檬酸钠-卵黄液	生理盐水
基础液						
二水柠檬酸钠（g）	0.5				0.5	
葡萄糖（g）	5	7			5	
牛乳（mL）			100			
蔗糖（g）				11		
氯化钠（g）						0.9
蒸馏水（mL）	100	100		100	100	100
稀释液						
基础液（%）	100	99	100	100	95	100
卵黄（%）	10	1	10	10	5	10
青霉素（万 U）	10		10	10	10	10
链霉素（万 U）		10		10		

②冷冻保存稀释液：适用于精液超低温冷冻保存，含有甘油和/或二甲基亚砜（DMSO），常用配方有：

配方Ⅰ：每 100mL 稀释液中，磷酸缓冲液（0.025mol/L，pH 7.0）79mL，葡萄糖 5.76g、Tris 0.48g、柠檬酸 0.25g、甘油 2.0g、DMSO 4.0g、卵黄 15mL，青、链霉素各 10 万 U，制成混合液浓度为 1.227mol/L，pH 6.95～7.1。

配方Ⅱ：二水柠檬酸钠 1.74g、氨基乙酸 0.5g、卵黄 30mL、甘油 6mL、DMSO 4mL，青、链霉素各 10 万 U，加蒸馏水至 100mL。

配方Ⅲ：Tris 3.028g、葡萄糖 1.250g、柠檬酸 1.675g、DMSO 5mL，蒸馏水加至 100mL，配成基础液，再取基础液 79mL，加卵黄 20mL，甘油 1mL，青、链霉素各 10 万 U。

4. 兔精液冷冻保存操作程序

(1) 精液稀释：镜检合格的精液以 1∶1 或 1∶2 的比例用 7.6% 的葡萄糖溶液进行稀释，然后在 15～25℃ 的环境中用离心机分离，用逐渐上挡变速的方法离心，一般不超过 9min。若精子密度过大、精清过少时，也可不离心。离心浓缩的合格标志为上清液与精子界限明显，上清液中无精子运动，而加入稀释液时，又能迅速使精子浮游起来。此时可按原精液的精子密度，以 1∶3 的比例加入冷冻保存稀释液（如配方Ⅰ），摇晃，使精子全部浮游，再进行镜检，了解其活力是否符合冷冻要求。

(2) 降温平衡：将稀释后的精液先以 0.5mL 的剂量分装在消毒的精液细管中，然后用 4 层毛巾裹好，放入铝盒中，再转移到冰箱中。在 5℃ 条件下降温 3h 即可进行冷冻。

(3) 冷冻与储存：经降温平衡后，精液用液氮熏蒸，初始冷冻温度（开始降温致冻的环境）以 －160℃（－150～－170℃）最好。具体操作是：先将提漏浸入液氮中预冷，然后提起提漏，固定在距液氮面 1cm 处，2min 后提漏温度回到 －160℃ 时，从冰箱中取出分装精液的细管，迅速转移到提漏中，熏蒸 8～10min，当细管遇冷收缩声消失后（表明精液冻结完毕），直接浸入液氮中长期保存。目前有自动化的冷冻仪，所有的操作规程由电脑完成，既可减少人力，又可规范操作流程。

5. 输精

（1）输精器的准备：输精器可用一种前端延长 8～10cm、规格为 2mL 的玻璃注射器代替，也可用 2mL 规格的玻璃注射器接一根 13～15cm 长的塑料输精管，还可用医用导尿管代替。

（2）刺激排卵：人工授精前，应先刺激母兔阴道，以诱导排卵。刺激母兔排卵的方法有三种：

①用公兔进行爬跨，做法是将公兔的腹部用布兜起来，防止本交。

②用结扎输精管的公兔进行交配刺激，即选择性欲旺盛的公兔进行输精管结扎，输精前（或后）进行交配。

③激素刺激，即用一定浓度的促黄体素进行肌内注射，或用人绒毛膜促性腺激素进行耳静脉注射，然后进行人工授精。

（3）精液解冻：将细管从液氮中取出，在 5s 之内放入 50℃ 的温水中，融化后立即取出，进行后续的输精操作。

（4）输精：助手的左手固定母兔的两耳及颈部皮肤于平台或平地上，右手食指和中指挟住尾根，同时抓住臀部，并向上稍稍抬起，暴露肛门和阴门，等待输精。输精人员首先将输精器用冲洗液冲洗 2～3 次，吸取精液，用右手拇指、食指、中指固定输精器和胶管，左手用棉花擦拭兔外阴部，并用拇指、食指和中指固定阴门下的联合处，使阴门张开；右手将输精管缓慢插入母兔阴道 8～13cm 深处，即子宫颈口附近，左手捏住阴门，并固定输精管，右手将输精器垂直竖起，将精液注入阴道内。左手继续捏住阴门，右手抽出输精胶管，防止精液外流（图 Y12-3）。输精结束后，停留片刻后，将母兔放回原笼。

输精结束后，要及时将所用公兔的品种、编号、精液的质量以及母兔的发情状况、输精日期等详细登记在配种登记本上，作为妊娠诊断、分娩及总结工作的依据。

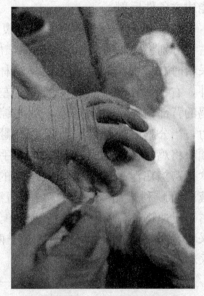

图 Y12-3 母兔输精

6. 注意事项

（1）刺激母兔排卵：兔为诱发排卵动物，发情后不经交配或药物刺激不可能排卵。因此，在输精前必须刺激母兔排卵。可用结扎输精管的公兔或注射激素的方法等刺激排卵。对未发情的母兔可用孕马血清促性腺激素、雌二醇等诱导发情，然后再刺激排卵。

（2）输精部位准确：母兔阴道有两个孔径相当的开口，上（背侧）为阴道开口，下（腹侧）为输尿管开口，如果不注意，容易误将精液输入尿道或膀胱。因此，在输精时，必须将输精器经阴道口插入 6～7cm 深处，将精液注入两子宫颈口附近，使精子自子宫颈进入两子宫内。

（二）鸡人工授精

1. 采精前的准备

（1）器械清洗、消毒：鸡采精用的集精杯多用优质茶色玻璃制成。输精工具主要是输精管,目前尚无定型产品,多为改装或代用品。各种器皿使用前要清洗干净并做好消毒处理。凡与精液接触的器皿用前必须用生理盐水或稀释液冲洗1~2次。

(2) 种公鸡的选择:选择时除按品种特征、生产性能、健康状况外,还要注意选择发育好、健壮、性欲旺盛、精液品质好、适合人工授精的个体。

第一次选留公鸡在60~70日龄时进行,按公母1:(15~20)比例选留。第二次选留时间,蛋鸡在6月龄、兼用品种和肉用品种在7月龄,按公母比例1:(30~50)选留公鸡。选留生长发育正常、健壮、冠大而鲜红、泄殖腔大、湿润而松弛、性反射好、乳状突充分外翻、大而鲜红、精液品质好的公鸡。挑选性反射好的个体时,用手指轻捏公鸡尾根或提起其双翅,尾根向上翘者为优。

(3) 采精的调教训练:采精前1~2周隔离公鸡,最好单笼饲养,避免互相攻击或爬跨造成精液的损失。同时加强饲养管理,适当添加维生素和蛋白质,增加光照时间。隔3~5d后开始采精训练,先剪去公鸡泄殖腔周围羽毛和尾部下垂羽毛,用消毒液消毒泄殖腔周围,再用生理盐水擦去残留消毒药物。每天按摩训练1~2次,一般经过3~5d按摩采精训练便能建立条件反射。

2. 采精方法 目前多采用背腹式按摩法,可两人或单人操作。两人操作时,一人用左、右手分别将公鸡的两腿轻轻握住,使其自然分开,鸡的头部向后,尾部向采精者。另一个人采精时右手中指和食指夹住集精杯,杯口朝外,右手掌分开贴于鸡的腹部。左手掌自公鸡的背部向尾部方向按摩,到尾综骨处稍加力,当公鸡尾部翘起、泄殖腔外翻时,左手顺势将鸡尾部翻向背部,并将左手的拇指和食指跨掐在泄殖腔两上侧做适当的挤压,精液即可顺利排出(图Y12-4)。精液排出时,右手迅速将杯口朝上承接精液。单人操作时,采精者坐在板凳上将公鸡保定于两腿之间,采精步骤同上。

图Y12-4 公鸡采精

公鸡每周采精3~5次为宜,一般在下午进行。一般使用当年的青年公鸡,育种用公鸡精液质量好者可用2~3年。

3. 精液的稀释与保存 精液的稀释应根据精液品质决定稀释倍数,一般稀释比例为1:1。生产中常用葡-柠-卵稀释液,配方为葡萄糖3g、柠檬酸钠1.4g、双蒸水95mL、卵黄5mL、青霉素、链霉素各10万U。一般在采精、稀释后直接输精,或者将精液稀释后置于25~30℃的保温桶中保存,并在20~40min内输精结束。

4. 鸡的输精

(1) 输精前的准备:挑选健康、无病、开产的母鸡,产蛋率达70%以上时开始输精最为理想。

(2) 输精时间:一般在下午3点以后、母鸡子宫内无硬壳蛋时最好。

(3) 输精方法:阴道输精是在生产中广泛应用的方法,传统方法是3人一组,2人翻肛,1人输精。翻肛者用左手在笼中捉住鸡的两腿紧握腿根部,将鸡腹贴于笼上,鸡呈卧伏状,右手对母鸡腹部的左侧施以一定腹压,输卵管便可翻出,输精者立即将吸有精液的输精管顺鸡的卧式插入输卵管开口中 1～2cm（图 Y12-5）。输精时需翻肛者与输精者密切配合，在输入精液时，翻肛者要及时解除鸡腹部的压力，才能有效地将精液全部输入。在现代养禽生产中，一般由两人配合，即可完成输精过程。

（4）输精量和输精次数：输精的量和次数取决于精液品质。蛋用型鸡在产蛋高峰期，每隔 5～7d 输精一次，每次用量为原精液 0.025mL 或稀释精液 0.05mL。产蛋初期和后期的鸡，每隔 4～6d 输精一次，每次用量为原液 0.025～0.05mL 或稀释精液 0.05～

图 Y12-5　母鸡输精

0.075mL。肉用种鸡每隔 4～5d 输精一次，每次用量为原液 0.03mL，中后期鸡 0.05～0.06mL，每隔 4d 一次。每只鸡每次输入的有效精子数达 8 000 万至 1 亿个。

五、注意事项

（1）采精注意事项：采精前公鸡应隔离饲养，并于采精前 4～6h 停水、停料，以防采精时粪尿污染精液；采精时，捕捉公鸡动作要轻缓，不使公鸡受过分刺激，引起应激；给公鸡采精时一定要及时地捏住外翻的乳状突，这样阴茎上的排精沟才能闭锁，方可收集到精液；挤压泄殖腔要及时和用力适当，挤压过早或过迟采不出精液，而用力过大会造成组织受伤而出血；按摩时间不可过长，以免引起粪尿污染精液。

（2）输精注意事项：精液采集后，应尽快稀释并输精，未稀释的精液存放时间不得超过半小时。抓取母鸡和输精动作要轻缓，插入输精管不要太猛和用力过大，以免惊吓、损伤母鸡和造成输卵管损伤。输精时遇有硬壳蛋时动作要轻，而且要将输精管偏向一侧缓缓插入。注入精液的同时，助手要减轻对母鸡腹部的压力，以免引起精液逆流出输卵管。若用稀释的精液输精，应防止稀释倍数过大，使黏稠性降低，造成输精后精液回流。

六、作　业

根据实验记录和结果，分析影响动物采精效果和精液品质的因素，写出实验报告。

七、思　考　题

（1）兔和鸡采精的基本条件是什么？如何满足这些基本条件？
（2）兔和鸡输精各有何特点？
（3）兔和鸡采精和输精时应注意哪些问题？
（4）如何提高兔和鸡人工授精的受精率？

（李拥军　编）

实验十三 兔和鼠妊娠诊断

一、实验目的及要求

熟悉实施兔、鼠妊娠诊断的常用仪器设备，掌握兔和鼠各种妊娠诊断方法的基本原理和操作要点，加深对诱发排卵、阴道栓形成机理、妊娠生理的理解。

二、实验原理

兔和鼠为诱发排卵动物，在正常公母比例条件下只要交配，便可受胎。因此，通过检查阴道内是否存在精子，便可判断是否发生交配，进而推测是否妊娠。

小鼠在交配后 10~12h，精液中的腺体分泌物成分在阴道中形成一个明显的白色或黄色栓塞，检查阴道时很容易看到。在一般情况下，该栓塞不会自行排泄，是发生交配的标志。因此，可以通过检查是否存在阴道栓判断小鼠是否发生交配，进而推测是否妊娠。

随着妊娠的进程，胎儿体积增大，胎水量增多，可用触摸或高频超声波扫描的方法进行妊娠诊断。由于不同组织对超声波的吸收或反射能力有差异，愈是坚硬的组织对超声波的反射能力愈强，所以在超声波荧幕上显示的颜色愈浅，相反，液体（水）对超声波的反射能力较差，吸收能力较强，所以在荧幕上显示的颜色较深。

三、实验材料

1. **器械** 棉棒、载玻片、盖玻片、显微镜、超声波扫描仪。
2. **试剂** 生理盐水、超声波螯合剂。

四、实验内容及操作步骤

（一）阴道涂片法

1. **采样** 用少量的生理盐水（2~3滴）冲洗阴道，收集冲洗的液滴。
2. **涂片** 涉及以下几个步骤。

（1）标记：在已去污并干燥的载玻片上，标记取样日期、个体号。

（2）器械准备：备好采集阴道上皮用的小型玻璃吸管，并准备好盛有生理盐水或蒸馏水的烧瓶。

（3）保定：从笼中取出小鼠，左手握住鼠尾，让其爬抓笼盖或铁丝网，以此进行保定。

（4）取样：在玻璃吸管内吸入少量生理盐水或蒸馏水，然后将吸管插入阴道内，冲洗数次，取一滴冲洗液置于载玻片上，压上盖玻片备检。

3. 显微镜观察和判断 用显微镜观察到精子，则表明小鼠已经交配成功。

（二）阴道栓检查法

雌雄小鼠合笼的次晨检查阴道栓，以左手拇指和食指捏住小鼠尾巴，将其放在鼠笼盖上，当小鼠前爪抓住铁丝时，提起尾巴，轻轻抖掉会阴部的黏着物，其余3指轻压其后腰背部，上提尾巴露出阴道口。右手持已消毒的探测棒轻轻触动小鼠阴道口，如有明显的抵触感则表明有阴道栓，已交配成功（一般记为妊娠0d），如无抵触感，探测棒可无阻力地插入，则为无阴道栓，未交配成功。

（三）触摸法

触摸法可在配种10d后进行。操作时，将母兔轻轻抓起，放在检查台面上，头朝向触摸者；用左手抓住母兔的颈背部皮肤，右手拇指和其余的四指呈倒八字形，从母兔两大腿内侧腹壁轻缓地向前摸索。若腹部柔软如棉，则没有受胎。若触摸到圆球形物，而且多数排列在腹部后侧两旁，指压时光滑而有弹性，不与直肠宿粪相连，则是胚胞或胎囊，可以初步确定为妊娠。若触摸到的是圆形或扁椭圆形物，指压硬实无弹性，无滑动感，分布面积大，且不规则，并与直肠宿粪相接，则不是胚胞或胎囊，而是粪块。

（四）超声波检查法

配种10d以上的小鼠经麻醉仰卧保定在热台上，剃光腹部被毛并涂满超声波螯合剂，利用5.5MH以上探头沿小鼠阴门向胸部扫描（图Y13-1），观察子宫回声的变化（图Y13-2）。家兔的超声波诊断方法与小鼠相同。

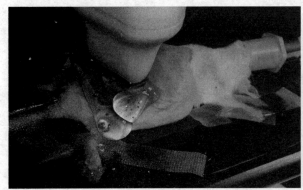

图Y13-1 小鼠麻醉和仰卧保定及超声波探头放置位置
（头部接乙醚气体，上为超声波探头）
（Hernandez-Andrade E et al, 2014）

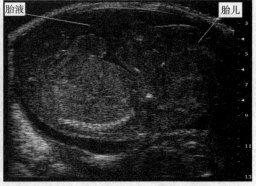

图Y13-2 小鼠子宫内胎儿的超声波图像
（Hernandez-Andrade E et al, 2014）

五、注意事项

（1）利用超声波进行妊娠诊断时，应注意将腹部被毛剃光刮净，螯合剂要涂布到检测的整个腹面，否则由于腹毛的存在造成超声波回声衰减，或因没有螯合剂，使腹壁与超声波探头间存在空气阻挡超声波穿透，导致超声波扫描图像不清晰，不能够准确判断。

（2）触摸胎儿时应注意，最好用手指的指肚进行触摸。此外，动作要轻，切忌鲁莽从事，更不能用手指挤压来计数胎儿，否则可引起胎囊破裂导致流产。

六、作　业

根据实验观察结果，写出实验报告。

七、思　考　题

（1）为什么在鼠阴道中发现阴道栓、在兔阴道中发现精子就可判断鼠和兔已妊娠？这两种方法能否用于其他家畜的妊娠诊断？

（2）触摸家兔胎囊能否引起流产？如何避免？

（常仲乐　编）

实验十四　牛卵母细胞和早期胚胎形态学观察与分级

一、实验目的及要求

掌握牛的卵和胚胎形态学观察方法，比较卵和胚胎形态结构在不同发育时期的差异；熟悉卵和早期胚胎的形态结构及其与质量的关系，掌握评定卵和胚胎质量及发育阶段的方法；了解卵与胚胎的形态学分级标准，为实施胚胎工程技术或卵与胚胎的质量评定奠定基础。

二、实验原理

发育正常的哺乳动物的卵和胚胎有一定形态结构，可在体视显微镜下观察。因此，对照正常情况下或相应标准（如国际标准、国家标准、行业标准等）规定的各时期卵或胚胎发育特征，可以鉴定其发育时期，评定其质量，并进行分等、分级。

卵母细胞成熟过程经历两次减数分裂，排出第一极体，卵细胞质收缩形成卵周隙。卵周隙越大，表明细胞质收缩越厉害，卵母细胞质量越差。第一极体形态和卵周隙大小与卵母细胞的受精率和受精后胚胎质量密切相关。此外，还须注意透明带的完整性和卵母细胞的大小。

观察胚胎时，必须注意透明带是否完整、厚薄是否均匀，胚龄与发育阶段是否一致，卵裂球轮廓是否清晰、透明、密集、均匀，有无游离细胞或变性细胞。此外，还须注意合子的原核形态、是否发生早期卵裂、胚胎发育速度以及从2细胞期至囊胚期的形态等。

三、实验材料

牛卵、受精卵、2～12细胞桑葚胚和囊胚；体视显微镜或倒置显微镜、表面皿、吸卵管、拔卵针、带凹面的载玻片等。

四、实验内容及操作步骤

（一）卵母细胞显微观察

将去除颗粒细胞后的卵母细胞放在光学显微镜观察第一极体、卵周隙和细胞质形态等，综合评价卵母细胞质量，按形态表现分为5个等级。

一级：细胞质正常，卵周隙正常，第一极体完整，呈圆形或椭圆形，表面光滑。
二级：细胞质正常，卵周隙正常，第一极体完整，呈圆形或椭圆形，表面粗糙。
三级：细胞质正常，卵周隙正常，第一极体破碎，有2个以上碎片。

四级:细胞质异常,卵周隙过大,第一极体破碎成两段。
五级:细胞质异常,卵周隙过大,第一极体巨大。
异常的牛卵母细胞,卵周隙较大,细胞质分布不均匀,或透明带变形(图 Y14-1)。

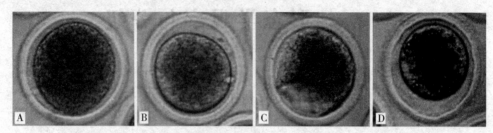

图 Y14-1 正常和异常的牛卵母细胞
A. 正常卵 B. 卵周隙偏大 C. 细胞质异常 D. 透明带变形,卵周隙偏大
(于孟飞 供图)

(二)受精卵显微观察

受精卵又称为合子,呈球形,有 2 个原核(图 Y14-2)。原核的数量、大小和对称性,核仁的大小、数量和分布,以及细胞质的均质性等,均是影响牛受精卵质量的主要因素。因此,可根据这些指标将原核分成 4 个等级(图 Y14-3)。

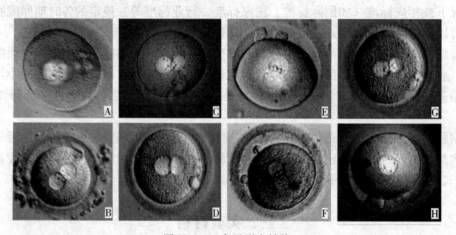

图 Y14-2 合子形态结构
A. 核仁对齐、胞质斑、原核毗连 B. 胞质斑清晰、原核毗连、小核仁对齐 C. 胞质斑清晰、原核毗连、大核仁分布不规则 D. 胞质斑清晰、原核毗连、小核仁分布不规则 E. 胞质斑清晰、原核毗连、核仁大小不一 F. 胞质斑清晰、原核毗连、核仁大小和分布不规则 G. 胞质斑不清晰、原核分开、核仁分布不规则,且不清晰 H. 配子结合早期胚
(Kahraman et al,2002)

一级:原核、核仁数量、大小相等,两原核毗连,核仁均衡分布于毗邻处(核仁数为 3~7 个)。

二级:原核、核仁数量、大小相等,两原核毗连,核仁均匀分散在原核内(核仁数为 3~7 个)。

三级:原核数量、大小相等,两原核毗连,核仁数和大小相等或不等,一组核仁分布于原核毗连处,另一组核仁散落各处(核仁数为 3~7 个)。

四级:原核大小不等,或两原核分开。

实验十四 牛卵母细胞和早期胚胎形态学观察与分级

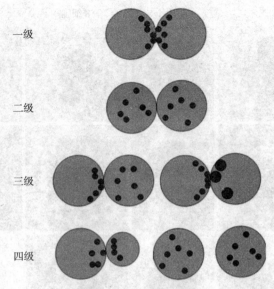

图 Y14-3 依据核仁（黑色圆点）数量、大小
和分布情况将原核分为 4 个等级
(Scott L et al, 2000; Baczkowski et al, 2004)

（三）胚胎显微观察及分级

1. 正常和异常胚胎观察 观察胚胎首先必须判断其发育时期，然后根据各发育时期胚胎的特点判断胚胎发育是否正常。如果在显微镜下观察到的胚胎有 4 个卵裂球，则可判断是 4 细胞期胚胎（卵裂胚），需从卵裂球大小、形状、对称性、均一性、透明带形状等方面判断胚胎是否正常；如果所见胚胎出现囊胚腔，则可判断为囊胚，此时必须注意观察透明带的厚薄和完整性、卵裂球的均一性、内细胞团的形态和滋养层细胞的分布情况（图 Y14-4、图 Y14-5）。

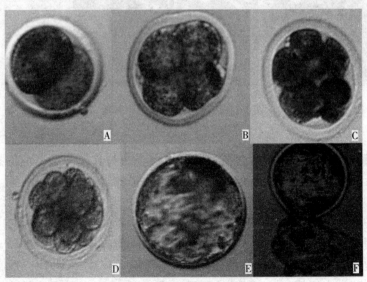

图 Y14-4 不同发育时期的牛胚胎
A. 2 细胞 B. 4 细胞 C. 8 细胞 D. 16 细胞 E. 囊胚 F. 孵化囊胚
（马凡华 供图）

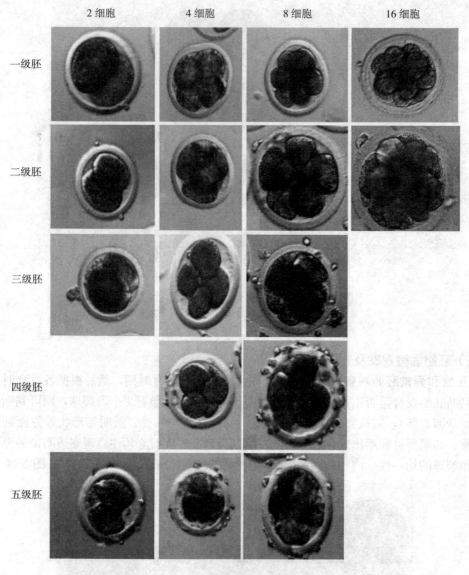

图 Y14-5 正常和异常的牛胚胎
(马凡华 供图)

2. 胚胎质量分级 胚胎分级主要依据胚胎及卵裂球与其他细胞器的形态结构。综合卵裂球结构和碎片对胚胎质量进行评价,可分为如下 5 个等级(图 Y14-6)。

一级:卵裂球大小均一,没有细胞质分散碎片。

二级:卵裂球大小均一或稍不均一,有极少的细胞质碎片和空泡(少于20%)。

三级:卵裂球大小明显不均一,没有或有很少细胞质碎片(少于20%)。

四级:卵裂球大小均一或明显不均一,有许多细胞质碎片(20%~50%)。

五级:卵裂球大小不等,极多或完全破碎(多于50%),细胞质有缺陷。

值得注意的是,卵裂球破碎后形成许多小碎片,易被误认为是桑葚胚或囊胚(图 Y14-6)。因此,必须注意观察卵裂球的均一性。

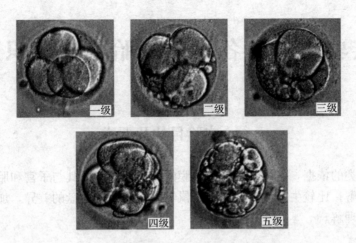

图 Y14-6 因卵裂球碎裂而被误认为多细胞的胚胎
(以"一级"为正常胚胎,级别愈高表示碎裂愈严重)

五、作 业

根据实验观察结果,写出实验报告,并绘制相应的图。

六、思 考 题

(1) 判断卵和胚胎发育正常的形态学依据是什么?
(2) 如果在显微视野中见到十余个类似卵裂球的碎块,能否判断该胚胎是桑葚胚?为什么?

(刘耘 杨利国 编)

实验十五　各种动物胎膜构造识别

一、实验目的及要求

掌握胎盘分类的依据，熟悉各种家畜胎膜的构造、特点及其与子宫和胎儿的关系，加深对胎盘功能的理解；比较牛、羊、猪、兔、鼠等动物胎膜、胎盘的差异，加深对各种动物生殖生物学特性的理解。

二、实验材料

1. **实物及标本**　牛、羊、猪、兔、鼠的怀孕子宫或带有胎膜的胎儿或相关标本。
2. **图片及切片**　各种家畜胎盘模式图和组织切片。
3. **器械**　大托盘、手术刀、镊子、剪刀、探针、放大镜、显微镜、体视显微镜。

三、实验原理

胎盘是胎儿和母体进行物质交换的重要器官，而实现物质交换功能的主要组织是绒毛，因此，常根据胎儿胎盘的绒毛分布形状将胎盘分为弥散型、子叶型、带状和盘状 4 种类型（图 Y15-1），或依据胎儿胎盘绒毛与母体胎盘（子宫组织）的连接方式，分成另外 4 种类型：如果胎儿胎盘绒毛直接与子宫上皮连接，则称为上皮绒毛膜胎盘，弥散型胎盘的绒毛一般以这种方式与子宫连接；如果胎儿胎盘绒毛直接侵入子宫黏膜下方血窦内，则称为血绒毛膜胎盘，盘状胎盘一般以这种方式与子宫连接；如果绒毛直接和子宫血管内皮组织相接触，则称为绒毛膜内皮型胎盘，带状胎盘

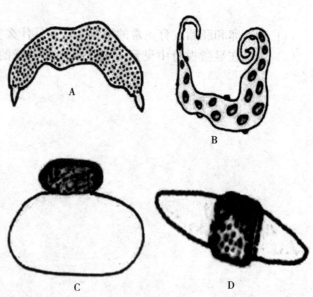

图 Y15-1　依据胎儿胎盘绒毛的分布形状分类的 4 种胎盘
A. 弥散型胎盘　B. 子叶型胎盘　C. 盘状胎盘　D. 带状胎盘

一般以这种方式将胎儿胎盘与母体胎盘连接起来；如果胎儿胎盘绒毛直接与母体胎盘的结缔组织连接，则称为上皮绒毛膜与结缔组织绒毛膜混合型胎盘，子叶型胎盘通常以这种方式与母体连接（图 Y15-2）。

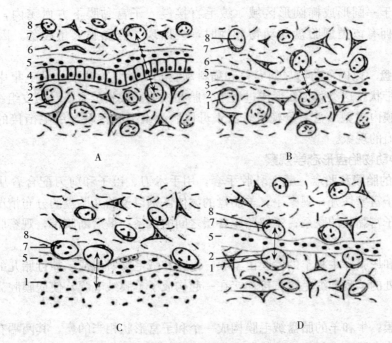

图 Y15-2 依据胎儿胎盘绒毛与母体组织的连接方式分类的 4 种胎盘
A. 上皮绒毛膜胎盘　B. 上皮绒毛膜与结缔组织绒毛膜结合型胎盘
C. 血绒毛膜胎盘　D. 绒毛膜内皮型胎盘
1. 母体血液　2. 母体血管内皮　3. 母体结缔组织　4. 母体上皮
5. 滋养层　6. 胎儿结缔组织　7. 胎儿血管内皮　8. 胎儿血液

四、实验内容及操作步骤

（一）图片及组织切片观察

利用挂图或多媒体图片，仔细观察图 Y15-1 和图 Y15-2，加深对各种类型胎盘的理解。

1. 弥散型胎盘　以猪和马的胎盘为代表，胎盘绒毛均匀分布于绒毛膜表面，但疏密不完全一致。绒毛的表面有一层上皮细胞，每一绒毛都有动脉、静脉的毛细血管分布。与绒毛相对应，子宫黏膜上皮向深部凹入形成腺窝，绒毛插入此腺窝内，因此又称为上皮绒毛膜胎盘。这类胎盘结构简单，胎儿胎盘和母体胎盘容易分离。猪的胎盘绒毛有集中现象，少数较长绒毛聚集在小而圆的绒毛晕凹陷内。

2. 子叶型胎盘　以牛和羊的胎盘为代表，绒毛集中在绒毛膜表面某些部位，形成许多绒毛丛，呈盘状或杯状凸起于绒毛膜表面形成胎儿子叶。胎儿子叶与母体子宫内膜的子宫阜（母体子叶）融合在一起，子叶之间没有绒毛。牛的子宫阜是突出的，而绵羊和山羊的子宫阜则是凹陷的。在妊娠前期，胎儿胎盘和母体胎盘的组织层次和上皮绒毛膜胎盘相同；在妊娠中后期，母体的子叶上皮细胞变性和萎缩而消失，使母体胎盘的结缔组织直接与胎儿子叶的绒毛接触，又称为上皮绒毛膜与结缔组织绒毛膜混合型胎盘。此类胎盘的母体和胎儿胎盘结合紧密，分娩时容易出血和发生胎衣不下的现象。

3. 盘状胎盘　以啮齿类（兔、大鼠和小鼠等）的胎盘为代表，绒毛在发育过程中逐渐集中，局限于一圆形或椭圆形区域，绒毛直接侵入子宫黏膜下方血窦内，因此又称血绒毛膜胎盘。拥有该类型胎盘的动物分娩时，会出现子宫黏膜大量脱落，因此有较多的出血现象。

4. 带状胎盘　以肉食动物（如犬科和猫科动物）的胎盘为代表，绒毛集中于绒毛膜的中央，形成环带状。这类胎盘在形成过程中，胎儿绒毛直接和子宫血管内皮组织相接触，因此又称为绒毛膜内皮型胎盘。分娩时，由于母体胎盘组织脱落及与绒毛衔接的子宫血管破裂，常伴有出血的现象。

（二）各种动物胎盘形态学观察

1. 牛和羊的胎膜和胎盘　戴上乳胶手套，用手术刀、镊子和剪刀配合着从牛和羊子宫角的大弯处将子宫壁切开。观察牛、羊胎盘的大体区别以及胎儿胎盘的分布情况；仔细观察绒毛膜及其与子宫黏膜的联系；了解胎膜各层之间的关系；最后断脐带，观察脐动脉、脐静脉和脐尿管。

（1）羊膜和尿膜：牛和羊的胎膜由羊膜、尿膜和绒毛膜所组成。靠近胎儿的背部区域上没有尿膜，此处的羊膜和绒毛膜直接连接在一起构成了羊膜绒毛膜，使尿膜腔为一个不规整的腔体。

（2）绒毛膜：牛和羊的胎盘绒毛膜构成一个和子宫形状相当的囊，其两端有皱缩的坏死区域。绒毛集中在子宫阜部位呈丛状分布，形成胎儿胎盘，并伸入子宫腺体隐窝，与子宫阜发展来的母体胎盘共同构成子叶型胎盘。子叶间一般没有绒毛分布，表面光滑。在绒毛膜与羊膜直接贴连的地方，也就是靠近胎儿背部的胎膜上，没有或极少有子叶。牛的胎儿子叶中间突起，呈盘状包在母牛子宫阜上；绵羊的胎儿胎盘为半圆形，嵌入钵状的母体胎盘中；山羊的胎儿胎盘呈丘状，附着在母体圆盘状胎盘的凹面上。牛的胎儿子叶约120个，较子宫阜多，这是因为部分胎儿子叶是以2个或2个以上与1个子宫阜结合而形成胎盘。从组织构造上看，牛和羊的胎盘在妊娠初期结构上皮为绒毛膜，而胎盘发育产生后，母体胎盘的结缔组织直接与胎儿子叶的绒毛接触。

（3）脐带：牛和羊的脐带内有动脉、静脉和脐尿管各2条，它们相互缠绕但很疏松，2条静脉至脐孔处汇合成为1个总干进入胎儿体内。牛、羊脐带外表覆盖的都是羊膜，没有尿膜部分，脐尿管在脐带末端开口于尿膜囊内。牛、羊胎儿的脐带平均长30~40cm和7~12cm。

2. 猪和马的胎膜与胎盘　戴上乳胶手套，用手术刀、镊子和剪刀配合着从子宫角的大弯处或从子宫颈的末端将子宫壁切开，先目测绒毛膜和子宫黏膜的关系及绒毛晕的分布情况，然后用解剖显微镜观察绒毛晕。仔细观察各个胎囊之间的关系以及胎膜各层之间的相互关系。切断脐带，观察脐动脉、脐静脉和脐尿管的组成和结构。

猪的尿膜形状、羊膜和绒毛膜的关系及脐带的组成和结构与牛、羊完全相同。尿膜的两个钝端伸出绒毛膜之外，形成了盲囊。猪的绒毛膜为呈长圆形的囊状物，整个绒毛膜的外面弥散分布有绒毛，但疏密不一致，有些部分的绒毛会聚集成小簇，称为绒毛晕。胎囊中部的绒毛晕体积较大、数目较多。猪的绒毛膜下面有时可见黄豆大的水泡，内含白细胞，偶尔为红细胞。猪的每个胎儿都有一套完整而独立的胎膜，在怀孕初期，两个相邻胎儿的绒毛膜囊只是相互靠近，在发育至中后期时，两个相邻胎囊的两端彼此粘连，但一般不发生融合。

用手术刀、镊子和剪刀配合着从子宫角的大弯处将子宫壁切开，注意不要切破胎膜。观察马的绒毛膜和子宫黏膜的关系以及绒毛膜的分布情况，并注意孕角小弯的黏膜上有无子宫内膜杯。将一部分绒毛放在水中，先肉眼观察绒毛的分布情况，然后用解剖显微镜进一步观察。沿尿膜绒毛膜的大弯切开，观察胎膜各层之间的相互关系、脐带和胎儿及胎膜的联系情况，横断脐带观察它的构造，找出脐动脉、脐静脉和脐尿管。

(1) 羊膜：羊膜是最靠近胎儿的一层膜，与胎儿之间构成一个完整的腔（羊膜腔），呈透明状，腔内含有透明的（妊娠早期）或淡黄色的液体——羊水，羊水内有时存在着灰白色或白色的"胎饼"。羊膜上面分布着来自尿膜内层的细微血管。

(2) 尿膜：尿膜分为两层，内层紧贴于羊膜的外面，与羊膜共同构成尿膜绒毛膜；外层附着于绒毛膜的表面，与绒毛膜共同构成尿膜绒毛膜。尿膜内层是透明的，外层上分布有大量来自于脐带的血管。内外两层尿膜之间形成完整的尿膜腔，其中存有尿水，尿水在妊娠初期、中期和后期的颜色分别为透明、淡黄色和淡褐色。

(3) 绒毛膜：绒毛膜是最外面的一层胎膜，其形状与妊娠子宫的形状相类似，也分为体部和两个分叉的角部，怀孕一角的绒毛膜囊比空角内的要大。整个绒毛膜上都均匀地分布着长约 1.5mm 的细小绒毛，胎囊借此绒毛和子宫黏膜发生联系，这些绒毛实际上就是胎儿胎盘的一部分。根据绒毛的分布情况，马的胎盘属于弥散型胎盘；而从胎盘的组织结构上看，马的胎盘属于上皮绒毛膜胎盘。

(4) 脐带：马的脐带分为两部分，靠近胎儿的一段由羊膜包着在羊膜腔内，称为脐带的羊膜部分；另一段由尿膜包在尿膜腔内，称为脐带的尿膜部分。足月胎儿的脐带可达 50~60cm，羊膜部分约占全长的 2/3。脐带含 2 条动脉、1 条经脉和 1 条脐尿管，脐动脉和脐静脉在进入绒毛膜时分为两支，分布在绒毛膜的两个角，在分支末梢处，脐动脉和脐静脉之间又形成了吻合支。脐尿管是尿膜囊和胎儿膀胱之间的通道，它通至尿膜囊的开口，是脐带尿膜部分的起始处。

3. 兔和小鼠的胎膜与胎盘 用镊子和剪刀配合着从子宫的胎囊分节处剪开子宫角，注意不能剪破胎膜。观察绒毛膜和子宫黏膜的关系；沿尿膜的边沿切开，借助解剖显微镜，观察胎膜各层之间的关系；观察脐带和胎儿及胎膜之间的联系情况。

兔和小鼠最靠近胎儿的一层膜为羊膜。尿膜完整地包围着整个羊膜囊，内含尿水。胎盘呈圆形或椭圆形，胎盘的绒毛浸在子宫内膜绒毛间腔的血液中，因此从组织结构上看，兔和鼠的胎盘属于血液绒毛膜胎盘。脐带含有 2 条脐动脉和 1 条脐静脉。

4. 犬和猫的胎膜与胎盘 用镊子和剪刀配合着从子宫的胎囊分节处剪开子宫角，注意不能剪破胎膜。观察绒毛膜和子宫黏膜的关系；沿尿膜边沿切开，观察胎膜各层之间的关系；观察脐带和胎儿及胎膜之间的联系情况。

最靠近胎儿的一层为羊膜，内含清亮的羊水。尿膜完整地包围着整个羊膜囊，内含尿水。绒毛膜上的绒毛聚集在绒毛囊中央，呈区带状环绕在胎儿周围，绒毛膜在此区域与母体子宫内膜接触附着，其余部分光滑。此环状结构可呈规则带状外形，也可呈不规则外形。胎盘旁通常存在一个噬血器，由母体血液的渗出物组成，与绒毛膜细胞紧密接触，似有吸收红细胞的作用，犬的噬血器一般呈绿色，而猫的一般呈褐色。犬和猫的脐带由 2 条脐动脉、2 条脐静脉和 1 条脐尿管组成，猫脐带的平均长度为 2~3cm，而犬的脐带长度与品种体型大小有关。

各种动物妊娠不同时期的胎儿和胎盘见图 Y15-3。

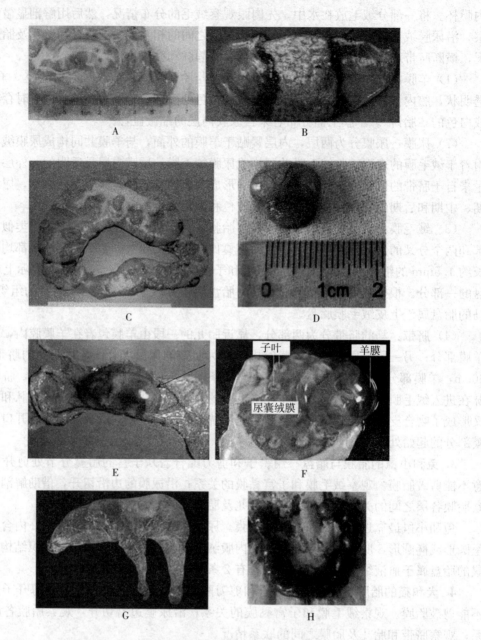

图 Y15-3 各种动物妊娠不同时期的胎儿和胎盘
A. 妊娠 30d、附在子宫肌上的猪胎儿和胎盘 B. 妊娠 35~38d 的犬胎儿和胎盘
C. 妊娠 105d 的牛胎儿和胎盘 D. 妊娠 13d 的小鼠胎儿和胚胎 E. 妊娠 40d 的猪胎儿和胎盘
F. 妊娠 50d 的羊胎儿和胎盘 G. 马的胎盘（妊娠时间不详） H. 妊娠 13d 的小鼠子宫

五、作 业

根据实验观察结果，写出实验报告，并绘制相应的图。

六、思考题

(1) 牛、羊、猪、兔、鼠的胎膜和胎盘构造有何异同？
(2) 不同胎膜类型的家畜在分娩过程中可能出现哪些问题？

（幸宇云　编）

实验十六　兔和鼠诱导分娩

一、实验目的及要求

以兔为模型，掌握诱导动物分娩的技术原理和操作方法，加深对妊娠维持和分娩启动机制的理解；进一步掌握生殖激素的生物学作用和临床应用。

二、实验原理

孕激素具有维持妊娠的作用，而雌激素、前列腺素和肾上腺皮质激素具有刺激子宫收缩、溶解黄体等作用，进而可以终止妊娠。此外，某些物理刺激（如拔毛、按摩等）也刺激妊娠母畜提前分娩。

诱导分娩的目的，是控制母畜分娩活仔的时间，以便加强管理，提高仔畜存活率。因此，所有诱导分娩技术均对仔畜的存活率有影响。可靠而安全的分娩控制，其处理时间一般只能在预产期前数日内进行：猪为3d，羊、牛和马为7d，兔1d。

目前分娩时间很难控制在一个很小的时间范围内，一般是能使多数被处理的母畜在投药后 20～50h 内分娩。

三、实验材料

1. 器械　兔笼、鼠笼、1mL 一次性塑料注射器。
2. 试剂
（1）缩宫素：含量为每 1mL 含 5IU。
（2）己烯雌酚注射液：含量为每 1mL 含 0.5mg。
（3）氯前列醇注射液：含量为每 2mL 含 0.2mg。
（4）前列腺素 $F_{2\alpha}$ 注射液（地诺前列素）：含量为每 4mL 含 20mg。

四、实验内容与操作步骤及注意事项

（一）动物的选择
1. 小鼠　选择配种后 18d 的小鼠。
2. 兔　以配种当天为妊娠第 0 天，于妊娠第 30 天 10:00～16:00，视母兔外阴部水肿和颜色的情况进行处理。

（二）处理方法
1. 激素法　可选择的激素种类较多，可根据表 Y16-1 推荐的激素及剂量实施。

表 Y16-1　诱导分娩方法

方法	妊娠母兔	妊娠母鼠
缩宫素法	每兔肌内注射缩宫素 5IU，注射后 10～20 min，母兔全部安全分娩	每鼠肌内注射缩宫素 5IU，注射后 10～20min，母鼠全部安全分娩
雌激素和缩宫素法	在母兔妊娠第 28 天，肌内注射苯甲酸雌二醇注射液 0.25～0.35mL，到妊娠第 30 天，再注缩宫素 5IU	在小鼠妊娠第 18 天，肌内注射苯甲酸雌二醇注射液 0.25mL，到妊娠第 20 天，再注缩宫素 5IU
前列腺素法	注射氯前列烯醇注射液 0.2mg 或前列腺素 $F_{2\alpha}$ 注射液 5mg	注射氯前列烯醇注射液 0.2mg 或前列腺素 $F_{2\alpha}$ 注射液 5mg

2. 兔的机械刺激法　采用"拔毛、吮吸、按摩、护理"的四步法可诱导分娩。

（1）拔毛：将妊娠母兔轻轻取出，置于干净而平坦的地面或操作台上，小心保定母兔，一只手抓住两耳和颈部皮肤，使母兔胸腹部朝上呈半仰卧状，右手拇指和食指及中指捏住乳头周围的毛，一小撮一小撮地拔掉。拔毛面积为每个乳头 10～12cm^2，即以乳头为圆心，以 2cm 为半径画圆，拔掉圆内的毛即可。

（2）吮吸：选择产后 5～10d 的仔兔 1 窝，仔兔数 5 只以上（以 8 只左右为宜）。仔兔应发育正常，无疾病，6h 之内没有吃乳。将这窝仔兔连同其巢箱一起取出，将待催产并拔好毛的母兔放入巢箱内，轻轻保定母兔，防止其跑出或踏、蹬仔兔。让仔兔吃乳 5min，然后取出母兔。

（3）按摩：用干净毛巾在温水里浸泡，拧干后以右手拿毛巾伸到母兔腹下，轻轻按摩 0.5～1min，同时用手感觉母兔腹壁的变化。

（4）护理：将母兔放入已经消毒且铺好垫草的产箱内，仔细观察它的表现，一般 6～12min 即可分娩。

由于母兔分娩的速度很快，来不及一一认真护理其仔兔，因此，如果天气寒冷，护理人员可将仔兔口鼻处的黏液清理掉，用干毛巾擦干身上的羊水。分娩结束后，清理血液污染的垫草和被毛，换上干净的垫草，整理产箱，将拔下来的被毛盖在仔兔身上，将产箱放在较温暖的地方。另外，给母兔备好饮水，将其放回原笼，让其安静休息。

（三）注意事项

（1）必须查看配种记录和妊娠检查记录，并再次摸胎，以确定母兔的妊娠期。

（2）诱导分娩是母兔分娩的辅助手段，在迫不得已的情况下才采取。因此，不可不分情况随意采用。诱导分娩过程对母兔是一种应激，并且其第一次的初乳被其他仔兔所食，这样对其仔兔有一定的影响。

（3）诱导分娩见效快，有时仔兔还在吃乳或吃乳刚刚结束便分娩，有时在按摩时便开始产仔，而且产程比自然分娩的时间短，必须加强护理。

（4）机械刺激法诱导分娩是通过仔兔吮吸母兔乳汁和刺激乳头，反射性地引起脑垂体释放催产素进而作用于子宫肌，使之紧张性增加，与胎儿相互作用而发生分娩。因此，仔兔吮吸刺激的强度是诱导分娩成功的先决条件。按摩时要注意卫生和按摩强度。

五、作　业

根据诱导鼠或兔分娩的效果，分析影响因素，提出改进措施，写出实验报告。

六、思 考 题

(1) 简述诱导分娩的意义及其主要方法。
(2) 简述妊娠维持与分娩启动的机制。

(黄志坚 编)

实习篇

实习一　动物精液采集

一、实习目的及要求

掌握各种动物采精的基本方法；掌握各种采精器械及采精操作要领，了解先进的采精方法；加深对动物性行为基础知识和调节理论的理解。

二、实习原理

公畜射精需满足的基本条件是阴茎勃起并达到性兴奋高潮。因此，一切能刺激公畜阴茎勃起并达到性兴奋高潮的办法，均可用于采精。常用的采精方法有假阴道法、拳握法、按摩法和电刺激法。

假阴道法常用于牛、羊、马、驴、兔等动物，是利用假阴道模拟母畜阴道温度、润滑度和压力，刺激雄性动物射精的方法。各种动物的阴茎对温度、润滑度、压力刺激的要求不完全相同，所以设计假阴道时必须考虑阴茎对上述三种刺激的敏感性。牛阴茎对三种刺激都敏感；马和羊的阴茎对压力较敏感，而对温度的敏感性不如牛；猪和犬的阴茎主要对压力敏感，对温度和润滑度较不敏感。

拳握法常用于猪和犬的采精，借助操作者的手指握住公畜阴茎龟头呈拳头状，给予节律性松紧压力刺激，引起射精。

按摩法常用于禽类和无爬跨能力公牛的采精，通过采精人员的手指对生殖器官及副性腺进行按摩，刺激阴茎勃起，引起射精。

电刺激法是在无法用上述方法进行采精的情况下使用的方法，适应于各种动物。该法的基本原理是：通过脉冲电流刺激腰椎的有关神经和壶腹部，引起动物性兴奋而诱导射精。电刺激模仿了在自然射精过程中由副交感神经、交感神经等神经纤维介导的神经和肌肉生理学反射。

三、实习条件

1. **种公畜场**　种公牛站、种猪场或种羊场等，有一定饲养规模的种公畜及种公畜采精经历。
2. **器械**　公畜、假台畜（台畜）、假阴道、电采精器、公猪采精用乳胶手套、长臂塑料手套、酒精棉球、保温瓶、无菌纱布、毛巾、温度计、漏斗、长柄钳、玻璃棒、搪瓷盘、集精瓶、储精瓶等。
3. **试剂**　凡士林、生理盐水、热水、6%碳酸氢钠、75%酒精、0.1%高锰酸钾、新洁尔灭。

四、实习内容

（一）种公牛采精

1. 假阴道法

（1）采精前假阴道的准备：

①采精器材的清洗与消毒：各种器材先用清水清洗干净，再用6％碳酸氢钠洗一遍，最后用清水冲洗干净，晾干。玻璃、金属器材，润滑剂，纱布等高压灭菌；橡胶和塑料制品用75％的酒精消毒。

②假阴道的安装：按照假阴道的安装方法安装好（图X1-1A和B），调试好温度、压力和润滑度等。公牛对假阴道的温度比压力更敏感，因此要求温度更准确。假阴道内腔的温度为40℃左右，压力适中，采精前在假阴道的入口盖上消毒纱布。

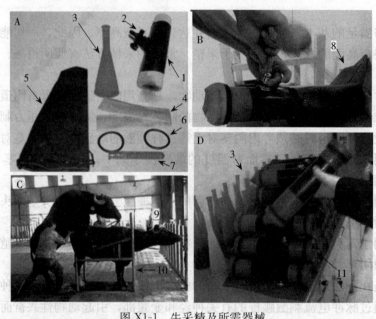

图 X1-1 牛采精及所需器械
A. 假阴道组件 B. 给假阴道充气 C. 将假阴道套住牛阴茎 D. 使用过、准备清洗的假阴道
1. 假阴道外壳 2. 假阴道注水阀 3. 橡胶漏斗 4. 假阴道外胎 5. 集精杯外套
6. 固定外胎用的橡皮圈 7. 集精杯 8. 假阴道保温套 9. 台牛 10. 台牛保定架
11. 安装理想、端口呈三角形的假阴道
（刘佳佳、刘耘 供图）

（2）台牛的保定：将台牛固定于配种架内，尾巴用消毒好的纱布缠好，用细绳一端系在台牛尾梢，另一端拴在台牛的脖套绳上或者侧边的立柱上。有时候也采用公牛或者不发情母牛作为台牛（图X1-1D）。

（3）台牛的清洗与消毒：将台牛的臀部和外阴部用清水洗净，然后用6％碳酸氢钠消毒，最后用清水擦洗干净。采精过程中要一直保持后躯部干净，以免污染精液。

（4）采精公牛的准备：采精公牛清洗干净后，用0.1％高锰酸钾或新洁尔灭刷洗睾丸和包皮，接着再用清水擦洗干净，最后用生理盐水冲洗阴茎部位，并用灭菌毛巾擦干。

(5) 采精：

①假爬跨：采精前可让公牛观察其他公牛的采精或在采精时不让种公牛立即爬跨，而做适当控制或空爬几次，以加强采精前的性刺激。采精员空手站在公牛右后方，当公牛爬上台牛时，采精员迅速上前，右手轻握公牛阴茎包皮，并迅速沿公牛阴茎捋向后方，这样爬跨空跳反复2～3次，直至公牛阴茎勃起充分、充血发红，并有少量分泌物排出时准备正式采精。

②正式采精：采精员右手持假阴道，取下遮盖假阴道的纱布，站在公牛臀部右侧。当公牛阴茎充分勃起爬跨台牛时，采精员迅速上前，将假阴道与公畜阴茎的方向成一直线，用左手准确地轻托包皮，但是不能触及阴茎，迅速将阴茎导入假阴道入口。当公牛阴茎导入假阴道并伴随后躯向前强烈地耸跳时，种牛射精动作完成。

③采精结束：射精后，将假阴道集精杯端向下倾斜，当公牛自动跳下台牛时，将假阴道顺势拿离公牛，将假阴道垂直于地面，集精杯一端在下，用纱布将上方遮盖起来，以防灰尘污染。

④取精液：将假阴道活塞打开，放气放水，使精液完全流入集精杯。将假阴道送回精液检查室内取下集精杯，进行精液的品质检查。

2. 按摩法 对无爬跨能力或无法使用假阴道采精的公牛，采用按摩法。

(1) 预刺激：让公牛观察其他公牛的交配或爬跨行为，以加强采精前的性刺激。

(2) 公牛的准备：先将公牛保定在采精架内，清洗、消毒包皮及包皮口，最后用生理盐水冲洗一遍，并将包皮口处的长毛剪短。

(3) 按摩采精：一人手臂涂上润滑油或者戴上长臂塑料手套伸入公牛直肠，清除肠内宿粪，再将手伸至膀胱背侧稍后部位，隔着直肠壁摸到精囊腺和输精管壶腹部。先用拇指和其余四指轻轻按摩两侧精囊腺，以刺激精囊腺分泌物自发流出；随后掌心向下，以四指按摩两侧精囊腺之间的输精管壶腹部至尿道部分，前后反复滑动按摩，强度和频率不断增加，即可引起公牛射精。与此同时，另一人可由上向下按摩阴茎，以刺激阴茎伸出包皮外，便于收集精液，减少污染。

(4) 收集精液：当精液从包皮口流出时，开始为水状液体，精子含量少，可不必接取。随后流出的浓稠乳白色精液，用保温37℃的离心管上接塑料漏斗接取。将精液尽快送到精液检查室进行精液的品质检查。

(5) 注意事项：如果按摩一段时间后公牛仍然不射精，应让其休息一段时间后再重新按摩、采精。

3. 电刺激法 优秀种公牛年老体衰或受损伤、不能正常爬跨时，可用电刺激法采精。对于大多数野性强、性情暴烈、胆小易惊的野生动物，如猴、鹿、小灵猫、熊、狐狸、狼、大熊猫、林麝等，以及无法站立、爬跨的动物，用常规方法十分困难，只能用电刺激法采精。

(1) 采精公牛的保定：将台牛固定于配种架内，尾巴用消毒好的纱布缠好，用细绳一头系在台牛尾梢，另一端拴在台牛的脖套绳或者侧边的立柱上。

(2) 采精公牛的清洗与消毒：包皮被毛如果较长，则需先剪短。用清水清洗干净后，用0.1%高锰酸钾或新洁尔灭刷洗睾丸和包皮，再用清水擦洗干净，最后用生理盐水冲洗阴茎部位，并用灭菌毛巾擦干。

(3) 直肠清粪：电刺激之前，先排掉公牛直肠内的粪便，以减小对电极的绝缘作用。排粪后再用3‰温生理盐水500~1 000mL灌洗直肠,以增进电极和肠黏膜的接触,提高导电效果。

(4) 采精：使用前先检查电刺激设备的完好性,以免漏电。采精一般由三个人完成。一人戴橡皮手套将电极棒插入直肠到肛门括约肌以内,尽量不超过30cm,另一人根据公牛的反应操作发生器旋钮,第三人接取精液。电流是引起公牛射精的主要因素。刚开始可以将刺激电流由0逐渐增大到50mA,维持2~3s后,降回到0,相隔0.5s后又开始下一次刺激,第二次刺激的最大电流可达100mA,维持2~3s后再回到0。如此反复,每次增大电流约50mA,多次刺激后,公牛阴茎伸出,最先会排出一些尿液,随后为副性腺液,最后排出物开始变为白色,这时精子密度大,可以收集。

(5) 注意事项：对于大多数体型大、性情暴烈的野生动物,采精前必须先麻醉,避免采精时动物对操作人员的伤害。常用的麻醉剂通常有氯胺酮、氯丙嗪、乙酰丙嗪、隆朋、静松灵等。

(二) 种公马假阴道采精

1. 采精前假阴道的准备　安装马假阴道的操作步骤与安装牛假阴道的一样,但要注意公马对假阴道压力的要求比温度更高。保定方法与牛基本相同,但要注意对台马后肢的保定以防蹴踢,有时也直接使用假台畜。

2. 采精　当公马阴茎勃起并爬跨时,采精员左手握住龟头颈部,将阴茎导入假阴道。此时采精员应以右肩部抵住假阴道的集精杯端,并用双手固定假阴道于台马的臀部,尤其当公马阴茎在假阴道内抽动时,应尽量使假阴道保持稳定。公马射精时,应将集精杯渐向下倾,并逐渐放气减少压力,射精结束假阴道应同阴茎一起下降,随后轻轻取下,盖好纱布。公马射精前,后肢经常移动,此时采精员应注意勿被踩伤。

3. 检查　在室内取下集精杯,测定射精量并做好精液品质检查。

(三) 种公羊假阴道采精

其基本方法与牛相同,但公羊射精较快,所以动作更应迅速敏捷。

1. 场地和假阴道的准备　场地保持清洁、干燥；假阴道的准备同牛(图X1-2A)。

2. 台羊的准备　将台羊放入配种架,将其外阴部清洗、消毒,具体同台牛的清洗与消毒。

3. 采精公羊的准备　擦洗公羊包皮及尿道口。

4. 采精　采精员蹲于台羊一侧(图X1-2B),一手持假阴道,当公羊阴茎勃起并爬跨时,左手迅速轻托包皮将阴茎导入假阴道,并将假阴道方向调整至阴茎自然伸出方向(图X1-2C)。当公羊向前耸身时即为射精,然后将假阴道集精杯向下,并取下假阴道。

图X1-2　种公羊采精及相关器械
A. 羊用采精器械　B. 用假阴道套住阴茎
C. 调整假阴道至阴茎自然伸出方向
1. 充气用双连球　2. 假阴道气卡开关
3. 假阴道内胎　4. 假阴道外壳
5. 假阴道注水孔
(熊家军　供图)

5. 取精液 将假阴道活塞打开，放气放水，使精液完全流入集精杯。将假阴道送回精液检查室内取下集精杯，进行精液的品质检查。

（四）种公猪的采精

目前多采用手握法，不用台猪而使用假台猪或采精台。

1. 采精公猪的准备 先用0.1%高锰酸钾溶液清洗公猪的包皮及周围皮肤，保持公猪体表干净，然后用灭菌生理盐水冲洗，最后用干净纱布擦干。对包皮有积尿的公猪，先挤净尿液，清洗污垢，清洗过程中同时对公猪阴部进行按摩。

2. 采精人员的准备 先用肥皂等将双手清洗干净，后用37℃的生理盐水冲净，如果天冷，采精人员双手用温水浸泡暖热。

3. 采精 按以下步骤操作：

（1）性引诱：接触种公猪时，用手轻抚猪背，以示亲昵（图X1-3A），将猪赶至采精室后，让公猪亲近、嗅闻假台猪，以增强公猪的性欲。

图X1-3 种公猪采精

（2）准备：采精人员右手戴灭菌采精手套，左手持集精瓶，瓶口覆盖4层消毒纱布，蹲于采精台一侧（图X1-3B）。

（3）导出阴茎：当公猪爬跨采精台、阴茎伸出时，采精员用戴手套的手（大拇指与龟头方向相反）握住阴茎的龟头部，并趁公猪前拥之势，将阴茎的S状弯曲拉出阴茎，手要由松到紧有弹性、有节奏地握住螺旋状的龟头，使之不能转动。掌握适当的压力是采精成功的关键（图X1-3B）。

（4）握捏阴茎：待公猪阴茎充分勃起前伸时，顺势牵引向前，同时手指要继续有节奏地施以压力即可引起射精。在射精时，手不要动，当公猪完成一次射精时，可以每隔3~5s有节奏地握动一次，以刺激公猪开始下一阶段的射精。

（5）精液收集：公猪俯伏不动时表示开始射精，公猪首先射出的精液为水状液体，很稀薄，含精量少，而且有尿道混杂物，一般不收集。等清亮精液射出后，第二部分精液是浓稠精液，颜色呈乳白色，精子数量多，主要收集这一部分精液。最后阶段射出的精液含有较多的胶状物，也不收集。

（6）预防公猪阴茎挫伤：公猪射精完毕后，阴茎自然软下来，让其自然收回包皮，不能推阴茎，防止挫伤。

4. 精液检查 采精结束后，先将集精杯上的过滤纱布去掉，然后用盖子盖住，将精液迅速送往检查室。

五、作　业

根据所在实习单位的基本情况，学习对方的长处，分析存在的问题，提出改进措施，写出切合生产实际的实习报告。

六、思　考　题

(1) 采精的基本条件是什么？不同的公畜有什么特点？如何满足这些基本条件？
(2) 各种采精方法的操作流程和要点是什么？

（李莉　编）

实习二　中小型动物常用发情鉴定方法

一、实习目的及要求

掌握猪、羊或犬发情鉴定的基本原理和方法，了解生产中常用的发情鉴定方法；掌握发情鉴定的意义，加深对母畜发情行为、发情生理规律的理解。要求依据行为变化和外阴变化等特征，初步判断母畜所处的发情时期。

二、实习原理

猪、羊、犬等家畜体型较小，不宜用直肠检查法进行发情鉴定，只能用超声波诊断技术（实习七）或本节所介绍的方法进行发情鉴定。

猪和羊发情时，卵巢上卵泡发育、成熟，分泌雌激素，引起生殖器官血流量增加，外阴充血、水肿，阴道黏膜充血、潮红；子宫、输卵管活动增强，子宫颈松弛；腺体增大，分泌机能加强，分泌黏液。犬阴道上皮细胞角质化。雌激素作用于性中枢引起性兴奋和性欲，使母畜表现兴奋不安、对外界刺激敏感、鸣叫、举尾拱背、频频排尿、食欲下降、泌乳下降、离群独走、主动寻找或接近公畜、爬跨、接受爬跨和交配时站立不动等行为变化。因此，可依据母畜生殖道和行为特征性变化进行发情鉴定。

犬发情时，从阴道排出血色分泌物，俗称"滴血"，一般可以持续8～9d（小型犬）或12～14d（大型犬）。

三、实习条件

1. 规模化牧场　养殖规模较大，实习期间有发情动物出现的猪场、羊场（绵羊场、山羊场）或养犬场。

2. 器械　长臂手套、阴道开张器、额灯或手电筒、工作服、载玻片、消毒棉签、显微镜等。

3. 试剂　润滑剂、75%酒精棉球、生理盐水、0.1%新洁尔灭、瑞氏染色液等。

四、实习内容

（一）母猪发情鉴定

1. 外部观察法　以观察行为表现和外部特征进行发情鉴定的方法。母猪发情开始时，食欲下降、啃咬栅栏、鸣叫、躁动不安、攀爬栅栏（图X2-1A）等；并出现追逐、嗅、爬跨其他母猪（图X2-1B）等与雄性类似的行为；阴户肿胀、呈樱桃红色、排出水样分泌物（图

X2-1C)或阴道分泌物增加。然后,表现不食,躁动不安,排出较黏稠的黏液,阴户内侧呈深红色,耳朵竖立(图X2-1D),尾巴上举(断尾处理的猪,则不便观察),目光呆滞,尾或全身颤抖,接受其他母猪爬跨、静立不动(图X2-1E)。甚至,在按压后背时,母猪站立不动,呈现静立反射(图X2-1F)。

2. 试情法 用健康公猪测试母猪发情反应的方法。当公猪进入母猪舍时,发情母猪躁动不安、鸣叫、奔向栏边,不停地拱或爬跨其他母猪;当公猪接近发情母猪时,母猪顿时变得温驯、安静,而发情盛期母猪则表现静立不动。

(二)母羊发情鉴定

1. 外部观察法 直接观察母羊的行为、症状和生殖器官的变化,判断是否发情的方法,是母羊发情鉴定最基本、最常用的方法。母羊发情时表现不安,目光滞钝,食欲减退,咩叫,外阴部红肿,流出黏液。在发情初期,黏液透明;

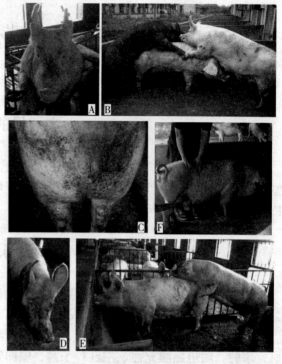

图 X2-1 母猪发情特征
A. 攀爬栅栏,双耳竖立 B. 相互爬跨 C. 阴户红肿
D. 双耳竖立,目光呆滞 E. 接受爬跨 F. 静立反射

在发情中期,黏液呈牵丝状,量多;在发情末期,黏液呈胶状。发情母羊被公羊追逐或爬跨时,往往叉开后腿站立不动,接受交配。

本地母山羊发情外部表现较明显,发情时发出叫声,食欲减退,兴奋不安,对外界刺激反应敏感,摇头摆尾,喜欢接近公羊,有交配欲,在公羊追赶爬跨时常站立不动,让公羊交配。波尔山羊发情时,表现没有本地母羊明显。

2. 试情法 用公羊对母羊进行试情,根据母羊对试情公羊的行为反应,结合外部观察来判定母羊是否发情的方法。试情应在每天清晨进行,试情公羊进入母羊群后,用鼻去嗅母羊,或用蹄去挑逗母羊,甚至爬跨到母羊背上,母羊不动,不拒绝,或伸开后腿排尿,即为发情。初配母羊对公羊有畏惧心理,当试情公羊追逐时,不像成年发情母羊那样主动接近,但只要试情公羊紧跟其后者,即为发情羊。试情时,每100只母羊群体中投放2~3只试情公羊。

(1)试情公羊选择:要选择身体健壮、性欲旺盛、无疾病、年龄2~5岁、生产性能一般的公羊。为避免试情公羊偷配母羊,可事先给试情公羊做输精管结扎手术,或系上试情布。试情布长40cm,宽35cm,四角系上带子,每当试情时将其拴在试情羊腹下,使其无法直接交配。

(2)试情公羊输精管结扎手术:
①药品、器械及物品:2%盐酸普鲁卡因、0.1%新洁尔灭、5%碘酒、75%酒精、生理盐水,常规手术器械、剃须刀架和刀片、6号缝合线、缝合针、毛巾、肥皂、纱布。

②麻醉：采用精索内神经传导麻醉法，每侧精索内注射2%盐酸普鲁卡因6mL。

③消毒：使公羊右侧卧保定，将左后肢向前牵引固定，以充分暴露术部。术部剪毛完毕后先用清水冲洗，再用0.1%新洁尔灭清洗，然后涂碘酒和75%酒精，最后盖上创巾。操作者手臂用0.1%新洁尔灭消毒2次。

④输精管结扎：在阴囊腹面前上方正中切开阴囊皮肤，切口约5cm，钝性分离皮下组织和阴囊鞘膜，右手食指和中指伸入切口内，找到一侧精索，并将其牵拉至切口外，找到输精管，切开精索鞘膜，用刀柄将输精管挑出，左手一个指头将其勾住，由助手将手指背缘两端输精管紧紧结扎在一起；取出手指，从结扎处上方1cm左右剪断输精管，断端涂5%碘酒。以同样方法在同一切口内找到另一侧精索和输精管，将输精管结扎、剪断。创内涂布油剂青霉素80万U，扣状缝合皮肤切口，切口涂5%碘酒。

⑤术后护理：术后每天在切口上涂5%碘酒1次，7～10d拆线。施行输精管结扎的试情公羊，20d后即可用于试情，其性欲与未做输精管结扎的公羊相比无临床差异，睾丸和阴囊形态也无异常变化。

（3）饲养管理：未做输精管结扎手术的试情公羊（用时用布兜围住公羊包皮部）应单独喂养，加强饲养管理，远离母羊群，防止偷配其他母羊。此外，对试情公羊每隔1周应本交或排精1次，以刺激其性欲。

3. 阴道检查法　通过观察阴道黏膜、分泌物和子宫颈口的变化来判断是否发情的方法。进行阴道检查时，将母羊保定，清洗外阴部，取清洗、消毒、烘干后的阴道开张器，涂上灭菌润滑剂或用生理盐水浸湿将阴道开张器前端闭合，慢慢插入阴道，轻轻打开阴道开张器，通过反光镜或手电筒光线检查阴道变化。发情母羊阴道黏膜充血，表面光亮湿润，有透明黏液流出；子宫颈口充血、松弛、开张，有黏液流出。检查结束后，将阴道开张器逐渐合拢、缓慢抽出。

（三）母犬发情鉴定

1. 外部观察法　母犬在发情之前数周，就会出现行为变化、食欲下降。当附近有公犬时，有些母犬自然地厌恶与其他母犬为伴。在发情前期症状出现以前数日，多数母犬精神抑郁、出现性冷淡。在发情前期，外生殖器官肿胀，自阴门有血样排出物流出，持续数天，当血液流出增多时阴门及前庭均变大，触摸时感到肿胀；母犬变得不安和兴奋，对于其他时候能服从的命令此时则不起反应；饮水增加，排尿频繁；如果没有管制，母犬便会出游并引诱公犬，但拒绝交配。从发情前期算起，大多数母犬在6～14d接受公犬交配（进入发情期）。此时，血样排出物大为减少，而且站立等待交配。没经验的母犬，于允许交配之前常常在短时间的戏弄之后做出几次交配姿势。发情期过后，母犬外生殖器官变软、变瘪，可以看到少量黑褐色排出物，性情也变得愈来愈安静。发情期间，特别是阴道黏膜的变化更加明显，因而检查阴道黏膜颜色、黏膜肿胀情况以及黏膜分泌物的量和颜色等特征（表X2-1），可用于发情鉴定。

2. 试情法　发情母犬见到公犬后会表现出接受交配的行为，站立不动，尾巴偏向一侧，暴露外阴，并出现节律性收缩等。

3. 阴道细胞检查法　通过对阴道涂片的细胞组织分析来确定母犬发情及所处阶段的方法。在发情前期，犬阴道涂片中含有很多具有固缩核的角质化上皮细胞、很多红细胞、少量白细胞和大量碎屑。在发情期，涂片中含有很多角质化上皮细胞、红细胞，而无白细胞。排卵后，白细胞占据阴道壁，同时出现退化的上皮细胞。发情后期，涂片中含有很多白细胞、非角质化的上皮细胞以及少量角质化的上皮细胞。在间情期的涂片中，上皮细胞没有角质化，但到下一次发情前期前，上皮细胞变为角质化。

表 X2-1　母犬发情周期不同时期内阴道黏膜变化情况

（潘寿文等，2011）

发情周期	阴道黏膜颜色	阴道黏膜肿胀情况	分泌物
发情前期的前期	玫瑰红	开始肿胀并有横竖的皱褶	多、血色
发情前期的后期	浅玫瑰红	肿大明显，二级肿胀	适中、肉水样
发情期	白色	皱褶增生，最大程度的浮冰样堆积	少、肉水样
发情后期的早期	浅玫瑰红	平坦，轻度皱褶	黄色的黏滞物
发情后期的晚期及间情期	玫瑰红	平坦，轻度皱褶	几乎没有，反光明显

阴道涂片操作步骤如下：

(1) 取样：将母犬站立保定；取灭菌棉签，用生理盐水润湿后由下往上轻轻插入阴门，插入 3～5cm 后调整棉签呈 45°角继续插入，然后转动棉签 2～3 圈；轻轻抽出棉签，获取阴道细胞（图 X2-2A、B 和 C）。

(2) 涂片、固定：将取样棉签在准备好的载玻片上滚动涂片，让其充分干燥，或立即浸入甲醇溶液 5～10 次进行固定（图 X2-2D）。

(3) 染色：将载玻片平放，在固定好的样品上滴入几滴瑞氏染色液，3min 后，加入等量蒸馏水或去离子水，用滴管吹动液体使水与染液混匀，再染 3min。染好后，用自来水冲去染液（图 X2-2E）。

(4) 镜检：在 100～400 倍显微镜下观察，确定主要的细胞类型。阴道细胞类型主要有嗜中性粒细胞、红细胞和阴道上皮细胞。阴道上皮细胞又分为三类，即基底旁细胞、中间细胞和表层细胞。除细胞外，可能还有细菌。

基底旁细胞是阴道上皮细胞中最小、呈圆形或近圆形、核质比高的细胞。中间细胞的大小和形状不一，但其直径是副基细胞的 2～3 倍。中间细胞又可分为小中间细胞（近圆形或椭圆形，核大而明显）和大中间细胞（多角形，核质比小）。表层细胞是犬阴道细胞涂片中最大的细胞，呈多角形、扁平状，无核或核固缩（图

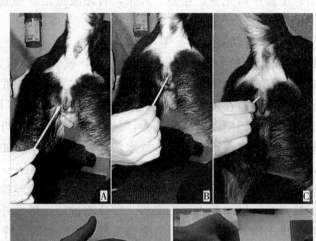

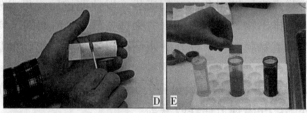

图 X2-2　犬阴道涂片制作工艺与染色流程

A. 将灭菌棉签对准阴门　B. 插入　C. 插入阴道深部　D. 涂片　E. 染色

(Bowen R A, http://arbl.cvmbs.colostate.edu/hbooks/pathphys/reprod/vc/)

X2-3a），没有细胞核的表层细胞称为完全角质化（表 X2-2）。

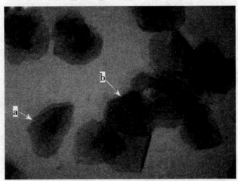

图 X2-3　犬发情期阴道涂片所观察到的无核或核固缩表层细胞
a. 无核表层细胞　b. 核固缩表层细胞

表 X2-2　犬阴道各类上皮细胞形态学区别
（潘寿文等，2011）

制定标准	基底细胞及深部中间细胞	皮层细胞
大小（μm）	10～40	50～80
形状	圆形	不规则多边形
核与细胞质的比例	1∶2	1∶20
核	存在	固缩或缺乏

犬发情时阴道细胞涂片中有大量的表层细胞（图 X2-3b），或者只有表层细胞。表层细胞突然显著减少标志间情期开始，间情期一般无表层细胞，在发情前期表层细胞增多（表 X2-3）。

表 X2-3　母犬发情周期阴道细胞抹片各种细胞的分布情况（%）
（潘寿文等，2011）

细胞	发情前期	发情期	发情后期		间情期
			早	晚	
红细胞	++	+	—	—	—
白细胞	+/−	—	+	+/−	—
角质化细胞	10	90	30	0	0
非角质化细胞	30	8	20	10	2
中间细胞	50	2	20	30	3
基底及基底旁细胞	10	0	30	60	95

注：+表示出现，−表示不出现，+越多表示出现得越多。

五、作　业

根据实习牧场的畜种和生产记录，总结该场在家畜发情鉴定方面的成功经验，分析存在的问题，提出改进措施，写出实习报告。

六、思 考 题

(1) 判定母羊、母猪或母犬发情的主要依据是什么?
(2) 影响猪、羊、犬发情鉴定准确性的因素有哪些?
(3) 对家畜进行发情鉴定的意义有哪些?
(4) 各种发情鉴定方法的理论依据是什么?

（袁安文　编）

实习三 家畜诱导发情与同期发情

一、实习目的及要求

掌握牛、羊、猪诱导发情与同期发情的基本原理及二者的区别。了解诱导发情与同期发情在畜牧生产中的意义,掌握生产中常用的诱导发情及同期发情方法。掌握牛、羊、猪常用的同期发情方法及操作程序,为推广胚胎移植技术、人工授精技术及其他生物技术奠定基础。

二、实习原理

诱导发情是指用外源激素或环境刺激等方法,使卵巢处于静止或病理状态的单个母畜表现正常发情并排卵的技术。在畜牧生产中常发现,有些母畜生长发育到初情期后,仍不出现第一次发情或成年母畜长期无发情表现,也有些母畜在分娩后甚至在断乳后迟迟不出现发情表现。为了缩短这些母畜的繁殖周期、治疗其不孕及保证畜产品均衡供应及提高繁殖率,常常对生理乏情(泌乳、妊娠等)、病理乏情(持久黄体)以及季节性乏情的母畜个体进行诱导发情。

诱导发情的主要方法是利用外源激素(促性腺激素)或生理活性物质以及环境条件的刺激(改变),通过内分泌和神经的作用,激发卵巢机能,使卵巢从相对静止状态转为活动状态,促使卵泡生长发育继而表现发情并排卵。诱导发情根据不同情况采取不同方法,如母畜处于乏情状态,需用促性腺激素激发卵巢的机能;如母畜卵巢上有持久黄体,则需消除黄体(使用前列腺素),停止其孕酮分泌机能,为卵泡的生长发育创造条件。

同期发情是指采用人为的方法使一群母畜在同一时期内集中发情并排卵的技术,是针对群体的诱导发情技术。在畜牧生产中的主要意义是有利于推广人工授精技术,便于组织生产和管理,提高畜群的发情率和繁殖率。但是,同期发情技术的应用必须与牧场实际情况相结合才能产生预期效果。

在自然情况下,任何一群母畜,每个个体均随机地处于发情周期的不同阶段。同期发情技术的基本原理,是通过延长或缩短黄体期,调节发情周期,控制群体母畜的发情排卵在同一时期发生。通过控制卵泡发生或黄体形成,均可达到同期发情并排卵。同期发情方法有三种,即孕激素延长黄体期、前列腺素(或促性腺激素)缩短黄体期以及孕激素和前列腺素结合使用。孕激素延长黄体期同期发情的原理在于孕激素能够抑制卵巢上卵泡的发育和母畜发情,持续给母畜提供孕激素,即使母畜黄体退化后也不能发情,同时撤除孕激素后,由于大部分母畜卵巢上已经没有黄体,所以抑制被解除,母畜群卵巢上同时有卵泡发育并表现发情,从而达到同期发情的目的。另外,母畜黄体期在发情周期中一般占大部分时间,而黄体对前列腺素有反应的时间为发情周期第 5~16 天,因此在同一时间内给一群母畜同时注射前列腺素，也可使大多数母畜同时发情排卵。孕激素结合前列腺素进行同期发情时，由于经过一段时间被孕激素处理的母畜中，部分母畜黄体已经退化，而另一部分黄体未退化的母畜也处于黄体对前列腺素敏感期，注射前列腺素，会使黄体未退化的母畜黄体退化，再同时撤除孕激素，由于所有母畜的黄体均已退化，卵巢上新一轮的卵泡发育，从而达到同期发情的目的。

三、实习条件

1. 实习场地 有一定养殖规模、人工授精和胚胎移植实践经验的乳牛场、肉牛场、水牛场、羊场（绵羊或山羊）、工厂化养猪场，各地区可根据地区特点选择相应的实习场地。

2. 器械 注射器（5mL和20mL）、套管针、无刺激性塑料细管、大头针、酒精灯、手术刀片、脸盆、肥皂、毛巾、纱布、搪瓷盘、工作服、胶靴、保定架、放栓枪、阴道开张器、阴道硅胶环孕激素装置（CIDR）、海绵栓等。

3. 试剂 18-甲基炔诺酮、氯前列烯醇、前列腺素（$PGF_{2\alpha}$）、孕激素、苯甲酸雌二醇、促性腺激素释放激素（GnRH）及其类似物、促卵泡素、孕马血清促性腺激素（PMSG）、人绒毛膜促性腺激素（HCG）、牛初乳、消炎粉、色拉油、70%酒精、碘酒、消毒药等。

四、实习内容与方法

（一）诱导发情

1. 牛

（1）孕激素阴道栓法：取含18-甲基炔诺酮50~100mg的海绵栓，在母牛发情周期的任意一天，利用阴道开张器扩张阴道，用长柄镊子夹住海绵栓，送入阴道中，使细绳暴露于阴门外。放置后9~12d，拉住细绳，将海绵栓取出。为了提高发情率，取出海绵栓后肌内注射PMSG 800~1 000IU或氯前列烯醇0.4~0.6mg。除海绵栓外，还可用阴道硅胶环孕激素装置（CIDR），使用方法同海绵栓（图X3-1）。

（2）PMSG法：处理前确认乏情母牛卵巢上无黄体存在。肌内注射PMSG 750~1 500IU，可促进卵泡发育和发情。10d内仍未出现发情的可再次用相同法处理，但剂量应相应加大。

（3）PMSG+PG法：肌内注射PMSG 750~1 500IU，48h后，再肌内注射氯前列烯醇（PG类似物）0.4mg或子宫灌注氯前列烯醇0.2mg。

（4）PG法：用国产氯前列烯醇肌内注射0.4mg或子宫灌注0.2mg，可诱导70%以上的牛群在处理后3~5d内发情排卵。由于PG对新生黄体（排卵后5d内）没有作用。因此，一次肌内注射PG往往有部分母牛不发情。

（5）GPG法：在母牛产后45~50d，肌内注射GnRH或其类似物，10d后注射PG或其类似物（如氯前列烯醇），48h后再注射GnRH或其类似物。GnRH的剂量一般为0.1mg，可用其类似物如"促排2号"或"促排3号"代替，剂量可减少（依据产品说明书）；PG即前列腺素的简称，一般用$PGF_{2\alpha}$或其类似物氯前列烯醇，剂量0.5mg。

2. 羊

(1) 绵羊：

①孕激素阴道栓法：使用方法同牛。为了提高发情率，取出海绵栓后肌内注射 PMSG 100～200IU/只。

②PG 法：在发情周期第 4 天后肌内注射 PG 4～6mg 或其类似物氯前列烯醇 0.05～0.1mg，14d 后再次用 PG 处理，约在处理后 4d 内发情。

(2) 波尔山羊：

①孕激素阴道栓法：阴道栓种类及激素剂量同绵羊。将山羊埋栓之日记作 0d，并肌内注射预处理剂（雌-孕激素复合制剂），第 13 天肌内注射氯前列烯醇，第 15 天撤栓，撤栓后 48～52h 输精，并肌内注射促排 3 号。

②PG 法：在发情周期第 4d 后肌内注射 PG 4～6mg 或其类似物氯前列烯醇 0.05～0.1mg，18d 后再次用 PG 处理。

③GnRH 法：在母山羊休情期，每天肌内注射 GnRH 100μg，连续注射 5d。

3. 母猪

(1) 断乳法：母猪发情一般在断乳后 5～7d，早期断乳时间一般在分娩后 3～4 周。

(2) PMSG 法：分娩后第 6 周断乳的母猪，注射 PMSG 750～1 000IU，能引起母猪发情排卵。若早于一个月断乳，则需要加大激素用量。

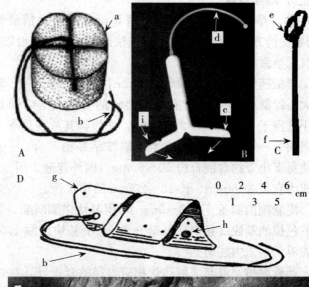

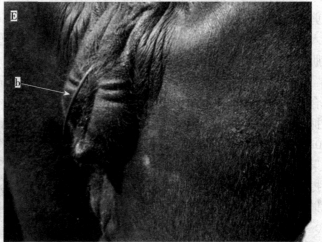

图 X3-1　孕激素阴道释放装置

A. 孕激素阴道海绵栓　B. 孕激素阴道释放 V 形硅胶棒　C. 硅胶棒使用器　D. 孕激素阴道释放螺旋状硅胶片　E. 水牛外阴露出的孕激素阴道释放装置栓系绳

a. 海绵柱　b. 栓系绳　c. 可按箭头所指方向朝 i 端合拢的硅胶臂　d. 用于抽拉的硅胶绳　e. 可挤压的硅胶棒使用器手柄　f. 硅胶棒套（硅胶棒可塞入其中）　g. 硅胶片细孔（便于黏液流出）　h. 装孕激素的胶囊　i. 可按箭头所指方向朝 c 端合拢的硅胶臂

（杨利国　供图）

(3) PG600 法：PG600 是将 PMSG（600IU）和 HCG（200IU）配伍应用的商品制剂，每头 5mL（1 头份），在 28d 内有 85%～95% 后备猪表现发情，且主要集中在注射后一周内；用于经产母猪时，在母猪断乳当天注射 PG600 5mL，7d 内有 90%～95% 表现发情。

(二) 同期发情

1. 牛 孕激素和前列腺素是诱导母牛同期发情最常用的激素，前者通常用阴道栓法（与诱导发情方法类似）或皮下埋植法给药，后者一般以肌内注射方式给药。

(1) 孕激素埋植法：

①埋植药管的制备：取外径3mm、内径2mm、长8～15mm的无刺激性塑料管，将管壁用大头针烫刺16～20个孔，并将管的一端在酒精灯上烧软，稍加挤压，使其缩成小孔。再将小管浸于70%酒精中约20min，然后将其放在消毒干纱布上，吸除酒精。国内用18-甲基炔诺酮20～40mg与等量或半量磺胺结晶粉混合，一道研磨成细微粉末，装入上述小管内，使每支小管约含混合粉40～60mg。国外普遍采用3～6mg 18-甲基炔诺酮与硅橡胶混合凝固成为直径3～4mm、长15～20mm的棒状管。

②混悬剂的制备：将3～5mg 18-甲基炔诺酮研细，与2～4mg苯甲酸雌二醇及事先煮沸消毒的色拉油制成混悬剂，每毫升含18-甲基炔诺酮1.5～2.5mg、苯甲酸雌二醇1～2mg，用时先混匀后肌内注射。

③药管埋植：取与埋植药管相应直径的套管针，在被选母牛耳背侧中部无明显血管区，先剪毛，并用70%酒精消毒，顺着耳方向，在皮下及耳软骨之间刺入约20mm，然后将药管装入套管针管内，使其开口端向上，再用套管刺针将药管推入皮下。注意切勿埋植过深或推入肌肉层，否则不易取出（图X3-2）。

④埋植时间：用18-甲基炔诺酮短期埋植9～12d，同期化率虽较低，但受胎率高。如果配合雌二醇3～5mg（可使黄体提前消退或抑制新黄体的形成）和孕酮50～250mg，可提高同期化率，效果更好；如果延长埋植时间（16～18d），同期化率提高，但受胎率降低。为使母牛排卵同期化更强，可在取管时注射PMSG 400～500IU，还可在第一次输精时注射促排2号60～100μg或HCG 1 000IU，一般在处理后2～4d母牛发情排卵。

⑤取出药管：经一段时间的埋植处理后，用小号尖刀，在靠近埋植管开口端，将皮切开一小口，挤出埋植药管。取管时注意不要用力过猛，以免将药管内剩余的18-甲基炔诺酮压出管外，残留皮下，导致发情时间推迟。

(2) 前列腺素和孕激素法：

① 一次PG法：用氯前列烯醇0.4mg进行肌内注射，可诱导70%的母牛在处理后3～5d发情排卵。

②二次PG法：间隔9～12d分两次注射前列腺素。前列腺素也可用输精管

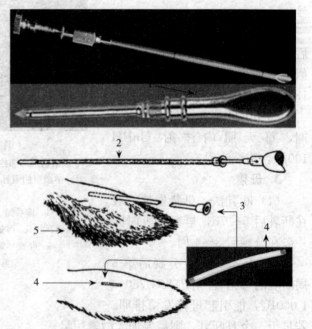

图X3-2 孕激素埋植工具与埋植示意图
1. 不同型号的穿刺套管针 2. 套管针剖面图（中间为针芯）
3. 将装填孕激素的细管通过套管埋植于耳背 4. 装填孕激素的细管 5. 耳背
（杨利国 供图）

进行子宫内灌注，虽然操作麻烦，但可减少一半激素用量。

（3）孕激素阴道栓法＋前列腺素法：

①CIDR＋FSH＋PG法：将埋栓（CIDR）之日记作0d，第10天肌内注射FSH，第14天撤栓时肌内注射PG后第2天母牛开始发情。

②孕激素海绵栓＋PMSG＋PG法：将埋栓（海绵栓）之日记作0d，第10天肌内注射PMSG，第11天撤栓时肌内注射PG后第2天母牛开始发情。

③GnRH＋PG法：肌内注射GnRH当天记作0d，第7天肌内注射PG后第2天母牛开始发情。

2. 羊 羊主要采用孕激素阴道栓法、埋植法和PG法，以阴道栓法最常用。绵羊和山羊的同期发情与牛的同期发情操作方法基本相同，只是剂量上的差别。

（1）孕激素阴道栓法：在注栓（记作0d）的同时，肌内注射雌激素和孕激素复合制剂，第10天肌内注射氯前列烯醇，第12天撤栓；撤栓后48～52h输精，并肌内注射促排3号。山羊与绵羊的区别，主要是肌内注射氯前列烯醇（第13天）和撤栓（第15天）的时期。

（2）孕激素埋植法：埋植14～18d（绵羊14～16d，山羊为18d），可获得较高的同期发情率和受胎率。取出时视体重注射PMSG 350～1 000IU，对促进卵泡发育和发情的同期化有一定的作用。处理后2～3d内发情率达90％。

（3）PG法：

①一次PG法：绵羊在发情周期第4～14天的黄体，用PG处理才有效。PG每次肌内注射用量为4～6mg，其类似物氯前列烯醇0.05～0.1mg。

②二次PG法：为了提高同期发情率，绵羊在第一次处理14d后再次用PG处理，处理后4d母羊发情，发情后12h配种。

3. 猪

（1）同期断乳法：分娩21～35d的哺乳母猪，在断乳后4～7d内发情。将分娩时间接近的哺乳母猪实施同期断乳，可达到断乳母猪发情同期化目的。

（2）同期断乳＋促性腺激素法：在母猪断乳后24h内注射促性腺激素，能有效地提高同期断乳母猪的同期发情率。使用PMSG诱导母猪发情应在断乳后24h内进行，初产母猪1 000IU，经产母猪800IU。为了提高同期发情排卵效果，哺乳期为4～5周的母猪在PMSG注射后56～58h、哺乳期3～4周的母猪在PMSG注射后72～78h注射HCG、GnRH或其类似物。输精应在同步排卵处理后24～26h和42h，分两次进行。

（3）促性腺激素＋PG法：肌内注射400IU的PMSG和200IU的HCG，通常在注射后3～6d，母猪发情排卵。为提高同期发情率，可在第一次肌内注射促性腺激素后18d注射氯前列烯醇0.2～0.3mg，3d后母猪再次发情。

五、作 业

根据所实习的畜种和牧场条件，分析牧场在实施诱导发情与同期发情过程中的成功经验，探讨该牧场存在的问题，提出进一步提高和改进诱导发情或同期发情的技术措施，写出实习报告。

六、思 考 题

(1) 用激素对家畜进行诱导发情或同期发情处理时，其作用原理是什么？应注意哪些问题？

(2) 同期发情和诱导发情在处理方法和效果上有何异同？

(3) 试述母畜同期发情在畜牧生产中的意义。

(4) 如何提高母畜同期发情率？

（娜仁花　编）

实习四 大家畜直肠检查与发情鉴定和妊娠诊断

一、实习目的及要求

熟悉牛（牦牛、水牛、黄牛）、马、驴等大家畜卵巢、子宫、子宫颈的自然位置、大小、形状和质地，了解直肠检查在生产中的用途，掌握直肠检查的原理与操作方法，加深对雌性动物生殖系统器官与功能的理解，为在生产实践中应用发情鉴定、妊娠诊断、生殖疾病监控、人工授精、非手术法采胚、非手术法移植胚胎等技术奠定基础。

二、实习原理

直肠与生殖道相邻，将手、手指或触诊棒伸入直肠，经直肠壁感受生殖器官的变化，可了解母畜的生殖状态。牦牛、水牛、黄牛、马、驴、骆驼、犀牛等大动物的直肠较粗，人的手可直接伸入，并对动物直肠没有损伤，因此常用直肠触摸的方法进行生殖监控，如发情鉴定、人工授精、非手术法采胚、非手术法移植胚胎、妊娠诊断、生殖疾病监控等。鸡、鸭、鹅等小动物因泄殖腔口径较细，只能伸入手指，常用于检查产蛋时期。绵羊、山羊、猪等中小型动物，由于直肠口径较小，所以不能将手伸入直肠进行触诊。此外，由于中小型动物的生殖道较长，手指触不到，所以只能借助触诊棒感受生殖道变化状况，通常用于妊娠诊断。

三、实习条件

发情、空怀和妊娠母牛、母马、母水牛或母驴等，搪瓷盆、肥皂、毛巾、长臂手套等。

四、实习内容及方法

（一）直肠检查操作步骤

1. 母畜保定 将母畜保定于六柱栏内，尾巴拉向一侧，清洗阴户。马属动物的保定通常要加肩绳和腹绳（图 X4-1），必要时可用鼻捻子保定，以防卧倒或跳跃。

2. 操作者准备 操作者剪去指甲并锉光滑，以防损伤肠

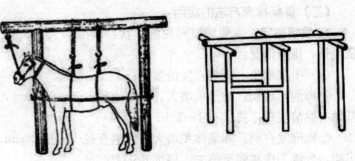

图 X4-1 用于家畜保定的二柱栏或六柱栏

壁。戴上长臂手套，涂抹肥皂或其他润滑剂。

3. 将手插入直肠 检查者戴上长臂手套，站于母牛、母水牛身后或母马身旁，将拇指放于掌心，其余四指并拢集聚呈圆锥形，以旋转动作通过肛门进入直肠。如果发生努责，可用另一只手掐压动物脊背（图 X4-2），以减轻努责强度。

4. 掏出宿粪 将手伸入直肠后，当肠内蓄积粪便时，可用手指扩张肛门，使空气进入，促使宿粪排出，再

图 X4-2 用手掐压母牛脊背可缓解努责

行入手；如膀胱内储有大量尿液，应按摩、压迫以刺激其反射排空或行人工导尿术，以利于检查。

5. 触摸子宫颈 生殖系统中最明显的结构是子宫颈，抓住子宫颈是输精、冲胚、移胚等技术的基础。子宫颈比较硬实，位于盆腔内中线处。但有时，膀胱可使生殖道位置向右侧移动。当手伸入直肠达骨盆腔中部后，将手掌展平向下轻压肠壁，可触摸到一个质地坚实较硬的子宫颈，让拇指位于子宫颈上方，其余四指位于子宫颈下方从侧面抓住子宫颈。如果生殖器官位置较深，可以通过子宫颈将生殖道拉入盆腔。

6. 触摸子宫间沟 沿子宫颈向前触摸，将子宫颈和子宫体抓入手中，手掌向下置于子宫上方，拇指位于子宫下方，在子宫体的前下方有一纵行的凹沟，即子宫间沟。

7. 触摸子宫角和卵巢 沿子宫间沟向前触摸，可摸到分叉的圆柱状即为一对子宫角。除了妊娠后期和产后早期，子宫的两角大小应大致相同。子宫角的大小取决于生殖状态。发情时，子宫角往往呈现肿胀、有力的状态。非周期性发情的动物或不育的动物，生殖系统会非常小或接近于婴儿状态。产犊后，子宫角非常大，其中一个角的体积大于另一个，生殖道位于腹腔内。再向前触摸，沿子宫角大弯向外侧下行（黄牛、水牛、牦牛）或上行（马属动物），即可摸到呈扁圆形、柔软而有弹性的卵巢。

8. 触摸卵泡 找到卵巢后，将卵巢置于手掌并用手指抓住。手指可以沿着整个卵巢表面进行触诊，指端要周期性地施加压力，以寻找卵泡结构。卵泡是柔软可塑、充满液体的结构。必须要小心，避免触破排卵前的卵泡。黄体较硬实，常突出于卵巢表面。有时，在黄体表面的突出可以发现排卵窝。

（二）直肠检查方法的应用

1. 发情鉴定 主要触摸卵巢的形状，卵泡的大小、弹力、波动和位置、壁厚等，以判断发情、排卵情况。

（1）牛（水牛、牦牛）发情鉴定：

①卵泡出现期：卵巢稍增大，卵泡直径 0.5～0.75cm，触摸时为软化点，波动不明显，开始有发情表现，持续有 4～11h。

②卵泡发育期：卵巢体积增大，卵泡直径 1.0～1.5cm，呈球状，波动明显。在该期后半期，发情表现减弱至消失，持续 8～12h。

③排卵前期：卵泡不再增大，卵泡壁变薄，触摸时有一触即破之感，该期持续 6～8h。

④排卵期：卵泡破裂，卵泡液流失，卵泡壁变松软，成为小凹陷，排卵后6～8h开始形成黄体，卵泡填平，触摸为质地柔软的新黄体。

(2) 马和驴发情鉴定：

①卵泡发育初期：两侧卵巢中有一侧卵巢出现卵泡，初期体积小，触之形如硬球，突出于卵巢表面，弹性强，无波动，排卵窝深。此期一般持续1～3d。

②卵泡发育期：卵泡发育增大，呈球形。卵泡液继续增多。卵泡柔软而有弹性，以手触摸有微波动感。排卵窝由深变浅。此期一般持续1～3d。

③卵泡生长期：卵泡继续增大，触摸柔软，弹性增强，波动明显。卵泡壁较前期变薄，排卵窝较平。此期一般持续1～2d。

④卵泡成熟期：卵泡体积发育到最大程度。卵泡壁甚薄而紧张，有明显的波动感。排卵窝浅。此期持续时间1～1.5d。应进行配种或输精。

⑤排卵期：卵泡壁紧张，弹性减弱，卵泡壁菲薄，有一触即破的感觉。触摸时，部分母驴有不安和回头看腹的表现。此期一般持续2～8h。有时在触摸的瞬间卵泡破裂，卵子排出，直肠检查时则可明显地摸到排卵窝及卵泡膜。此时配种或受胎的可能性较小。

⑥黄体形成期：卵巢体积显著缩小，在卵泡破裂的地方形成黄体。黄体初期扁平、呈球形、稍硬。因其周围有渗出血液的凝块，故触摸有面团感。

⑦间情期：卵巢上无卵泡发育，卵巢表面光滑，排卵窝深而明显。

2. 妊娠诊断

(1) 牛妊娠诊断直肠检查法：主要触摸卵巢（黄体）、子宫中动脉、子宫、胎囊等（表X4-1），以判断是否妊娠。在妊娠早期（配种后28d前），其他指标表现不明显，通常以检查卵巢是否存在妊娠黄体为主。

表X4-1 牛妊娠期用直肠检查触诊到特殊变化

妊娠期(d)	孕角直径(cm)	羊膜囊长度(cm)	子叶大小(cm)	子宫中动脉直径(cm)	子宫中动脉颤动	子宫位置	备注
28～31	卵巢端稍大[a]	0.8～1	无法估计	0.4～0.6	—	位于盆腔中	子宫角增大，子宫壁变薄并具波动感
35	2.5～3	1～1.5[b]		0.4～0.6	—		开始出现胎膜滑动
42	4～6	2～3		0.4～0.6	—		羊膜囊呈球形
49	5～7	4～6[c]		0.4～0.6	—		
60	6～9			0.4～0.6	—		
70	8～12		0.75×0.5[e]	0.5～0.7		开始向腹腔下降	子叶豌豆大[d]
80	10～14		1～0.5	0.5～0.7	+	下降之中	
90	12～16		1.5×1	0.5～0.7	+	感觉子宫像充了水的厚橡皮气球	感觉胎囊像坚实物体漂浮于孕角中
100	14～20		2×1.25	0.6～0.8	+		
120			2.5×1.5	估测困难	+		
150			3×2	0.7～0.9	+	降入腹底	

(续)

妊娠期(d)	孕角直径(cm)	羊膜囊长度(cm)	子叶大小(cm)	子宫中动脉直径(cm)	子宫中动脉颤动	子宫位置	备注
180		4.2×5		0.7~0.9	+		胎儿较大,可触诊到
210		5×3		0.8~1.0	+	开始上升	
240			6×4	1.2~1.5	+		容易摸到胎儿
270			8×5	1.4~1.6	+		

a. 两宫角大小相等。尿膜绒毛膜难于察觉。b. 此时的尿膜绒毛膜易于触诊。c. 触摸羊膜囊相对困难。d. 在孕角基部角间韧带水平线处估测。e. 将子宫壁做成皱襞,在指间搓动,可感知子叶的存在。通常,位于孕角中部的子叶,因其最靠近子宫中动脉,故其最大,孕角尖及非孕角中的子叶则较小。"-"表示子宫中动脉颤动不明显;"+"表示子宫中动脉颤动明显。

子宫中动脉位于髂骨干前方5~10cm处(图X4-3),易与股动脉相混淆;股动脉被筋膜牢牢地固着于髂角干处;而子宫中动脉则可在阔韧带中移动一定距离(10~15cm)。青年牛妊娠60~75d,孕角子宫中动脉即开始增粗,直径可达0.16~0.32cm。年龄较大的母牛在妊娠90d时,孕角子宫中动脉在大小方面的变化可被注意到,其直径为0.32~0.48cm。随着子宫中动脉的增粗,脉管变薄,并以其特有的"呼呼转"声音或颤动取代子宫中动脉的脉搏跳动。在妊娠晚

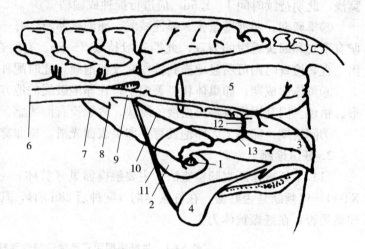

图X4-3 母牛生殖道血管
1. 卵巢 2. 子宫角 3. 阴道 4. 膀胱 5. 直肠 6. 主动脉
7. 卵巢动脉 8. 髂外动脉 9. 髂内动脉 10. 子宫中动脉
11. 膀胱圆韧带 12. 阴道动脉 13. 阴道动脉子宫支

期,轻轻触诊该动脉即可感知它恰像一股急促的水流持续地在薄橡皮管中流淌一样。在妊娠5~6个月,当子宫向前落入腹底时,触诊不到胎儿,此时子宫中动脉大小的变化及子宫中动脉的颤动则有助于妊娠诊断。

妊娠30d后,主要触摸子宫和胎囊,并比较两侧子宫角及胎囊大小。随着妊娠的进程,子宫角逐渐增大(图X4-4)。随着胎儿的增大,子宫逐渐向腹腔移动,致使直肠检查时操作者的手臂伸入直肠的位置愈来愈深(图X4-5)。

(2) 马和驴妊娠诊断直肠检查法:

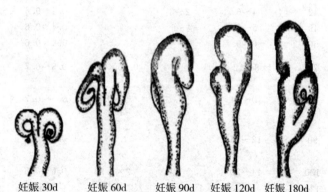

妊娠30d 妊娠60d 妊娠90d 妊娠120d 妊娠180d

图X4-4 母牛妊娠子宫增长模式

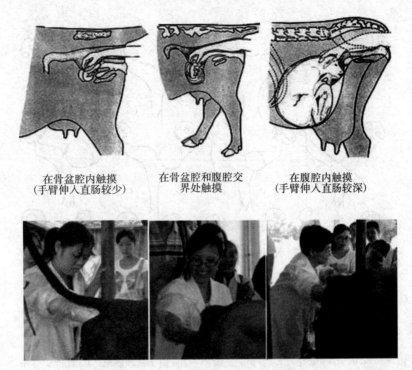

图 X4-5　牛直肠检查妊娠操作原理

妊娠 14~16d，少数马的子宫角收缩呈火腿肠状，角壁肥厚，内有实心感，略有弹性。一侧卵巢中有黄体存在，体积增大。

妊娠 17~24d，子宫角收缩变硬更明显，轻捏子宫角尖端捏不扁，里硬外软。非孕角多出现弯曲，孕角基部有如乒乓球大的胚泡，子宫底部形成凹沟，子宫收缩性不敏感。卵巢上黄体稍增大。

妊娠 25~35d，孕角变粗缩短，空角稍细而弯曲，子宫角坚实，如猪尾巴，胚泡大如鸡蛋，柔软有波动。

妊娠 36~45d，子宫位置开始下沉前移，胚泡大如拳头，直径 8cm 左右，壁软，有明显波动感。

妊娠 46~55d，胚泡大如充满尿液的膀胱，并逐渐伸至空角基部，变为椭圆形，横径达 10~12cm，触之壁薄，波动明显。孕角和空角分叉处的凹沟变浅，卵巢位置稍下降。

用直肠检查方法对驴进行妊娠诊断的依据，主要是子宫和胚泡的形态变化（图 X4-6）。

五、注意事项

1. 善待动物　尽量减少对被检动物的惊吓。不要突然移动或大声惊吓动物，尤其是对不习惯与人相处的动物来说，这一点更重要。马属动物可能踢人，可以从侧面接近。轻轻抚摸动物的背部或侧面，熟悉被检动物的脾气。

2. 戴手套　检查者必须戴长臂手套，一是保护检查者本人，防止感染人兽共患病；二是保护被检动物，防止操作者指甲损害直肠。

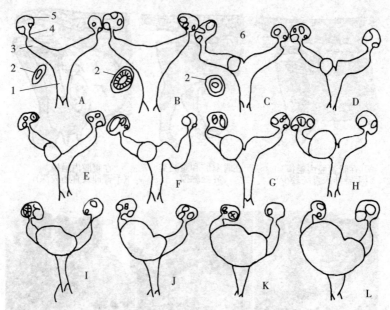

图 X4-6 驴妊娠妊娠子宫和胎囊形态变化

A. 未孕正常子宫　B. 未孕炎症子宫　C. 青年驴妊娠 16～25d 的子宫和胚泡　D. 经产驴妊娠 16～25d 的子宫和胚泡　E. 青年驴妊娠 26～35d 的子宫和胚泡　F. 经产驴妊娠 26～35d 的子宫和胚泡　G. 妊娠 36～45d 的子宫和胚泡　H. 妊娠 46～55d 的子宫和胚泡　I. 妊娠 56～65d 的子宫和胚泡　J. 妊娠 66～75d 的子宫和胚泡　K. 妊娠 76～85d 的子宫和胚泡　L. 妊娠 86～90d 的子宫和胚泡

1. 子宫体　2. 子宫角横断面　3. 子宫角　4. 输卵管　5. 卵巢　6. 胚泡

3. 操作轻柔　母畜发情时，生殖道和消化道充血较明显，所以操作必须轻柔，防止损伤直肠，引起出血和感染。此外，应用手指肚触摸，严禁用手指抠、揪，以防止抠破直肠，造成死亡。

4. 排气　直肠可能会吸进空气，尤其是当检查者的手臂快速进出牛直肠时更容易发生。当直肠充满空气后，直肠会像气球一样向外膨胀，影响检查者准确触及生殖道。为了减轻这种影响，可以用手抓住直肠皱褶慢慢朝向肛门移动，从而排出空气。

5. 正确区分妊娠子宫和异常子宫　异常子宫包括积水和蓄脓，可使一侧子宫角或子宫体膨大，重量增加，因而出现一定程度的下沉，卵巢位置也下降。区别的办法是，用手掌摆动子宫，让内容物来回流动，通过手心感觉是否有胚泡存在。如果感觉有较硬实的物体从手心流过，则是胚泡；如果感觉有水流动但无实体通过，则为积水；如果没有液体流动，则为积脓。

6. 综合判断　在无法确认的情况下，必须参考行为变化、采食、外阴变化、配种记录和兽医临床记录等资料，进行综合分析。

六、作　业

根据实习单位的条件和所实习的动物畜种，写出实习报告，分析进行直肠检查的体会。

七、思考题

(1) 为什么直肠检查时,操作者必须站在牛的正后方或马的侧后方?
(2) 为什么触摸马的卵巢时,必须沿着子宫角向两侧上方寻找,而触摸牛的卵巢时,必须沿着子宫角向两侧下方寻找?
(3) 掌握直肠检查的方法有何重要性?

(刘耘　杨利国　编)

实习五　家畜超数排卵和胚胎移植

一、实习目的及要求

熟悉马、牛、羊或猪超数排卵、胚胎收集与移植等技术的基本原理和操作程序；提高识别正常和异常卵及胚胎形态结构的能力，掌握区别受精卵和未受精卵的方法；加深对促卵泡素（FSH）、孕马血清促性腺激素（PMSG）、人绒毛膜促性腺激素（HCG）、前列腺素（$PGF_{2\alpha}$）及其类似物、促黄体素（LH）、孕激素、促性腺激素释放激素（GnRH）等生殖激素生物学作用和临床应用的理解。

二、实习原理

在母畜发情周期的适当时间，注射外源促性腺激素，使卵巢比自然发情时有更多的卵泡发育并排卵的技术，称为超数排卵。单胎动物（黄牛、水牛、驴、马等）通常在一个发情周期只排一个卵，所以进行超数排卵处理可获得更多的胚胎或后代。

卵泡发育受生殖激素调控，与卵巢生理机能有关。促卵泡素和孕马血清促性腺激素具有促进卵泡发育的功能，是超数排卵的必备激素；促黄体素、人绒毛膜促性腺激素或促性腺激素释放激素具有促进成熟卵泡破裂、排卵的作用，所以是进行超数排卵处理的辅助激素。此外，由于超数排卵效果与处理时母畜所处发情周期有关，另考虑到操作方便性，所以常与同期发情处理结合。氯前列烯醇和孕激素分别具有缩短和延长黄体期的作用，常用于同期发情处理。

移植的胚胎能否存活，取决于胚胎质量和胚龄与被移植动物（受体）的生理同期性。理论上讲，受体生理时期与供体胚龄愈接近，移植后的胚胎发育成熟的可能性愈大。确定受体生理时期和供体胚龄的依据是排卵时期，即以排卵当时为零时，排卵后一定时期的胚胎移植到同一时期排卵的受体生殖道内，胚胎存活的概率较高。至于胚胎的移植部位，取决于胚龄。卵子在输卵管内受精后，卵裂成为桑葚胚，进一步发育成为囊胚。受精卵一边卵裂、发育，一边向后移动，发育到囊胚时已经进入子宫角。因此，如果供体胚胎是囊胚，则需移植到受体母牛子宫角；如果供体胚胎是受精卵，则须移植至受体母牛输卵管。

三、实习条件

1. 实习场地　有一定养殖规模和从事胚胎工作经验及条件的马、牛、羊或猪场。

2. 器械　玻璃注射器、手术台、保定架、创布、止血纱布、药棉、缝合针、缝合线、剪毛剪、止血钳、镊子、手术刀、剃须刀片、手术剪、冲卵管（采胚管）、表面皿、移卵（胚）管、冲卵器、吸卵管、扩张棒、连续变倍实体显微镜、腹腔镜等。

3. 试剂 促卵泡素（FSH）、孕马血清促性腺激素（PMSG）、人绒毛膜促性腺激素（HCG）、氯前列烯醇（PG）、促黄体素（LH）、孕激素、促性腺激素释放激素（GnRH）、消炎粉、生理盐水、75%酒精、碘酒、新洁尔灭、抗生素、静松灵注射液、普鲁卡因注射液、杜氏磷酸盐缓冲液（DPBS）等。

四、实习内容

（一）超数排卵

1. 牛

（1）FSH+PG法：在发情周期第9~13天中的任何一天开始肌内注射FSH，常以递减剂量连续肌内注射4d，每天注射2次（间隔12h），总剂量按牛的体重、胎次适当调整，一般总剂量为30~40mg。在第5次注射FSH的同时肌内注射一次$PGF_{2\alpha}$，以溶解黄体，一般于前列腺素注射后24~48h发情。

（2）FSH+孕激素（CIDR）+PG法：在发情周期的任意一天给供体母牛阴道放入第1个CIDR（第0天），第10天后撤出第1个CIDR，同时放入第2个CIDR，第5天开始注射FSH，连续注射4d共8次，总剂量120~130mg/头，在第7次注射FSH时撤出第2个CIDR，并肌内注射PG，一般在撤CIDR后24~48h发情。或在供体牛阴道内放入CIDR后第9天开始，每天两次注射FSH，连续4d共8次；第7次注射FSH时撤出CIDR，并肌内注射PG，母牛在撤CIDR后24~48h发情。

（3）PMSG+PG法：在母牛发情周期第10~13天的任意一天肌内注射一次，按每千克体重5IU左右确定PMSG总剂量，在注射PMSG后48h和60h，各肌内注射PG一次，用量5~10mg，或子宫灌注2~3mg，母牛出现发情后12h即第1次输精的同时肌内注射PMSG抗血清。

2. 羊

（1）绵羊：

①FSH+PG法：在发情周期第12天或第13天开始，每天2次、间隔12h肌内注射（或皮下注射）FSH，以递减剂量连续注射3d共6次，用量为10~20mg，第5次注射FSH的同时肌内注射PG。最后一次注射FSH后，每天上午、下午进行试情，母羊发情后立即静脉注射LH（或LRH）。

②FSH+孕激素+PG法：除使用的激素剂量不同，其余步骤和操作方法同牛。

③PMSG法：在发情周期的12~13d，一次肌内注射（或皮下注射）PMSG 800~1 500IU，出现发情后或配种前肌内注射HCG 500~750IU。

（2）山羊：

①FSH+PG法：在发情周期第17天开始处理，其他方法同绵羊。

②FSH+孕激素+PG法：该使用方法同牛，但使用的激素剂量不同。

③PMSG法：在发情周期第16~18天开始处理，其他方法同绵羊。

3. 猪 猪的超数排卵一般采用PMSG+HCG，而不用FSH+LH。注射PMSG的时间在发情周期第15~17天，PMSG和HCG的剂量，依初情期前、后母猪和经产母猪，依次递增，一般在500~2 000IU，HCG剂量在500~750IU。注射方法有三种：①一次性肌内注射 PMSG；②肌内注射 PMSG 后 48～96h 再肌内注射 HCG；③同时肌内注射 PMSG 和 HCG，48～96h 后再肌内注射一次 HCG。

（二）冲卵或冲胚方法

1. 手术法

（1）牛：供体母牛手术前空腹 24h，在室外将供体术部（肷部或腹中线）的毛剃掉，洗刷干净，掏去粪便，然后将牛牵进保定架。若在肷部切口，母牛取站立保定，并行局部麻醉，切口在左侧可以开得高些，在右侧低些。若在腹中线切口，需进行全身麻醉，取仰卧保定，一般在腹下乳房前到脐带之间沿白线切开，切口 10～15cm。切开皮肤后，肌肉做钝性剥离，用刀柄撕裂腹膜。无论是肷部或腹中线切开后，均应轻轻地把子宫角、输卵管和卵巢牵引到切口，暴露的生殖道部分应尽量少些，并经常用生理盐水湿润，然后进行冲卵（胚）。

肷部或腹中线切口各有其优缺点，腹中线切口便于冲卵（胚），但创口和生殖道容易感染和粘连，并且要进行全身麻痹。肷部切口，虽不需要全身麻痹，可是冲洗另一侧输卵管或子宫角时较为困难。手术法冲卵（胚）按冲卵（胚）的部位又可分为以下几种方法：

①输卵管冲卵法：由子宫角向输卵管伞部冲洗。当卵巢和输卵管被牵引暴露于创口外，取一玻璃或塑料细管，一端从伞部插入输卵管内约 2cm 深，用拇指和食指固定用细线将输卵管扎紧，细管的另一端接集卵皿，然后将盛有 10mL 冲卵液的注射器及 6 号针头，从子宫角上端插入，经输卵管和子宫角结合部一直伸到输卵管内，向输卵管伞部方向冲卵，此称为上行冲卵（图 X5-1A）。

由输卵管伞部向宫管连接部冲洗的过程中，用拇指和食指或止血钳夹住子宫角上端，在稍前方用一钝形针刺破子宫壁，然后沿针孔将玻璃或塑料细管一端插入子宫角上端，细管另一端接集卵皿，由伞部注入冲卵液，通过插入子宫角上端的细管接取冲卵液，此称为下行冲卵（图 X5-1B）。输卵管冲卵法优点是冲卵率高，冲卵液用量少，10mL 即可，捡卵快，并且可准确计算排卵点。缺点是从输卵管插进细管或冲洗，容易造成输卵管及伞部损伤。

②子宫角冲胚法：自腹中线切口引出子宫角后，用拇指和食指或肠钳夹住子宫角基部，并在子宫角基部用一钝形针穿刺子宫壁，取一塑料细管沿着针孔插进子宫腔，然后充入空气 10～15mL，从子宫角向宫管连接部方向注入冲胚液，胚胎随冲卵液由细管流入集卵器皿，此称为下行冲胚（图 X5-1C）。与此对应的是，从宫管连接部注射冲胚液、子宫角回收胚胎的下行冲胚（图 X5-1D）。母牛发情配种 5d 后，多数胚胎已达子宫角内，可采用此法冲胚。冲洗完毕后缝合子宫创口。这种方法的优点是手术过程只需拉出子宫角，缺点是因子宫腔过大，采胚率较低。

③输卵管-子宫角双冲洗法：此法就是将上述两种方法结合使用，在一侧冲洗完毕后，再用同样方法冲洗另一侧。一般情况在配种 5d 后，胚胎已进入子宫角，用激素超排可影响胚胎在生殖道的运行速度，个别也有配种 7～8d 后，仍有少数胚胎留在输卵管或胚胎提前（配种后 3d）由输卵管进入子宫角，采用此法，可以将输卵管和子宫角的胚胎都能冲洗出来，可获得较高的冲卵率。

无论采用哪一种方法，如果第一次采卵数与卵巢上的黄体数相差太大，可重复冲洗两次。

由于牛可采用非手术法采卵，目前除试验研究需要外，在生产上已不再采用手术法。

（2）羊：

实习五　家畜超数排卵和胚胎移植

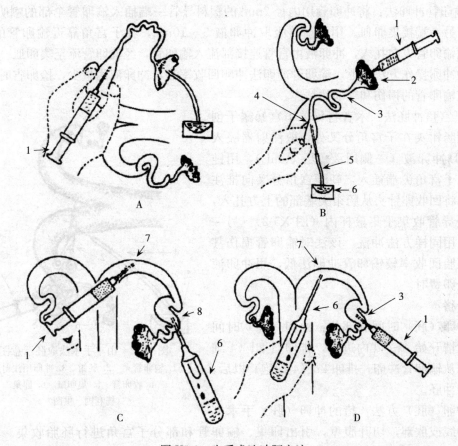

图 X5-1　牛手术法冲胚方法
A. 从宫管连接部注射冲卵液、输卵管伞部回收胚的输卵管冲卵法　B. 从输卵管伞部注射冲卵液、宫管连接部回收胚的输卵管冲卵法　C. 从子宫角注射冲卵液、宫管连接部回收胚胎的子宫冲胚法　D. 从宫管连接部注射冲卵液、子宫角回收胚胎的子宫冲胚法
1. 冲卵液注射器　2. 输卵管伞　3. 输卵管　4. 宫管连接部　5. 收卵管
6. 集卵皿或集卵注射器　7. 子宫角　8. 宫管连接部
（杨利国　供图）

①冲卵（胚）时间：以发情当日为 0d，用手术法在发情 2～3d 从输卵管采卵或在发情 5～7d 从子宫角采胚。

②冲卵（胚）手术：供体羊肌肉注射 2% 静松灵约 0.5mL，用普鲁卡因 2～3mL 或利多卡因 2mL，在第一、第二尾椎间做硬膜外鞘麻醉。供体羊仰放在手术保定架上。手术部位一般选择乳房前腹中线部（在两条乳静脉之间）或后肢股内侧鼠蹊部。术部切口长约 5cm，便于暴露母羊的子宫和卵巢。术者将食指及中指由切口伸入腹腔，触摸子宫角，摸到后用二指夹持，牵引至创口表面，观察卵巢表面排卵点。冲卵结束后，用一定浓度的肝素溶液喷洗内脏，洗掉凝血块。用 25～30℃ 的生理盐水将内脏冲洗干净，再用 5～10mL（25～30℃）灭菌液体石蜡注入腹腔，以防粘连。对手术部位的腹膜、肌肉和皮肤缝合并做消毒处理，术后供体羊注射青霉素 100 万 U，链霉素 80 万 U，同时肌内注射氯前列烯醇 0.1mg，以消除供体羊黄体，使供体羊提早进入下一个情期的发情期。

③冲卵（胚）方法：根据卵（胚胎）所在位置，有输卵管冲卵法和子宫角冲胚法两种。

a. 输卵管冲卵法：将冲卵管用内径 2mm 的塑料导管一端插入输卵管伞部的喇叭口 2～3cm 深，另一端接集卵皿。用注射器吸取冲卵液 5～10mL，在子宫角靠近输卵管的部位，将针头朝输卵管方向扎入，冲卵液由宫管连接部流入输卵管，经输卵管流至集卵皿。另一侧输卵管的冲卵操作方法同上。输卵管冲卵法冲卵回收率高，冲卵液用量少，捡卵省时间，但容易造成输卵管的损伤和伞部的粘连。

　　b. 子宫角冲胚法：术者将母羊子宫暴露于创口外，用肠钳夹在子宫角分叉处，取注射器吸入 20～30mL 冲卵液（一侧用液 50～60mL），用钝形针头从子宫角尖端插入，朝子宫角分叉向推注冲卵液，将回收卵针头从肠钳夹基部的上方扎入，冲卵液经导管收集于集液杯内（图 X5-2）。另一侧子宫角用同样方法冲洗。该法对输卵管损伤甚微，但胚胎回收率较输卵管冲卵法低，用冲卵液较多，捡卵费时。

　　(3) 猪：

　　① 冲卵（胚）时间和部位：冲卵（胚）时间一般在发情开始 4～7d 内进行，排卵后 2d (4 细胞) 以前从输卵管冲卵，排卵 2d (4 细胞) 以后，从子宫角冲胚。

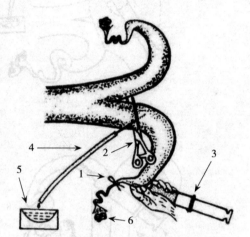

图 X5-2　山羊手术法取胚示意图
1. 输卵管夹　2. 肠钳　3. 冲卵用注射器
4. 收卵管　5. 集卵皿　6. 卵巢
（杨利国　供图）

　　② 冲卵（胚）方法：猪的冲卵（胚）手术部位在腹中线或肷部，切开腹壁，引出卵巢、输卵管和部分子宫角进行胚胎收集。猪冲卵（胚）也有两种方法，即子宫角冲胚法和输卵管冲卵法。

　　a. 子宫角冲胚法：在距宫管接合部 5cm 左右处的子宫角扎一小孔，插入冲卵管，由进气孔给气囊充气，固定于子宫角，再由进液口注入冲卵液（30～50mL）冲洗子宫角，冲卵液由冲卵管前端开口回收于器皿内。

　　b. 输卵管冲卵法：有两种方法，即上行冲卵法和下行冲卵法。上行冲卵法是将塑料细管从输卵管伞插入到膨大部，塑料细管下面连接回收器皿。用带针的注射器吸入 5mL 冲卵液，在距宫管连接部 1.5cm 子宫角处入针，将针尖插进宫管连接部，注入冲卵液，冲卵液经输卵管和塑料细管流入器皿内。下行冲卵法是在子宫角扎一小孔，将冲卵管插入子宫角，并给气囊充气，使其固定。从输卵管伞将装有冲卵液的注射器（前端连接塑料细管）插入输卵管并注入冲卵液，使冲卵液向输卵管、子宫角方向冲洗，由冲卵管开口经冲卵管流入器皿。

　　2. 非手术法　非手术采卵或采胚一般适用于牛（图 X5-3）、马（图 X5-4）等大家畜，采胚时间一般在配种后 6～8d 进行。

　　牛在进行非手术法采胚前，需禁食 24h（泌乳牛除外），然后进行保定（呈前高后低姿势）和麻醉，即在尾椎硬膜外注入 2% 的普鲁卡因 4～5mL，或在颈部或臀部肌内注射 2% 静松灵 2mL 左右。在麻醉的同时对外阴部进行清洗和消毒，然后用净水冲洗并擦干。将手伸入直肠，清除母牛粪便，并检查两侧卵巢黄体数。插入直肠的手最好不要抽出来，以防止气体进入直肠，造成空腔，影响采胚效果。为利于采胚管的通过，事先用消过毒的扩张棒进行宫颈扩张，青年母牛尤为必要，成年母牛视具体情况而定。采胚管消毒后用冲胚液冲洗，并检查气囊是否完好,将消毒的不锈钢芯插入采胚管内。为防止阴道的异物污染采胚管,先用阴道开张器扩张阴道,然后将采胚管插入子宫颈外口后,再抽出阴道开张器,操作者一手通过直肠把握子宫颈,另一手将采胚管经子宫颈缓缓导入一侧子宫角基部,此时抽出部分不锈钢芯,操作者继续向前推进采胚管,达到子宫角大弯处时,由进气口注入一定量的气体,充气量10~20mL,充气量的多少依子宫角粗细以及导管插入子宫角的深浅而定。充气量掌握适当,充气量太小,气囊太松,冲卵液可能沿子宫壁漏掉;充气量太大,容易造成子宫内膜破裂、导致流血。抽出冲胚管中不锈钢芯,然后开始向子宫角注入冲洗液,前两次冲洗液对胚胎的回收很关键,每侧子宫角不要充得太满,注入量一般在30~50mL,充满一侧子宫角,再令其流至集卵器,以后液量逐渐增加,与此同时隔着直肠壁轻轻按摩子宫,并用手在直肠内提起子宫,重复多次,直至用完400~500mL冲洗液。一侧子宫角冲洗结束后,放掉气囊中的气体,将采胚管退至子宫角分叉处,插入到对侧子宫角,按上述方法进行冲胚。

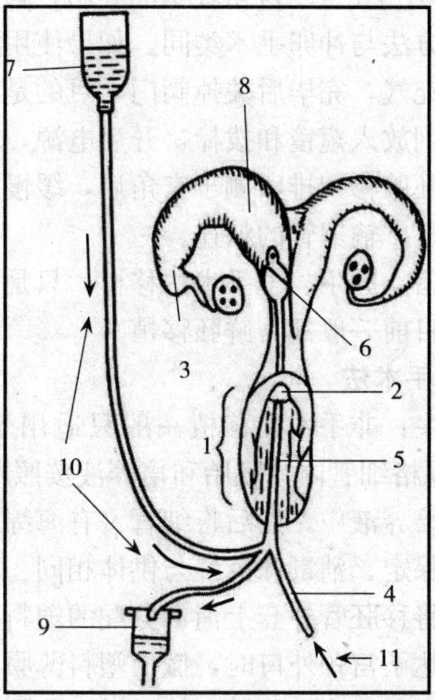

(三)捡胚

在显微镜下,将检查合格的胚胎(详见实验十四)装入细管中,备用。

(四)胚胎移植

与采集胚胎一样,胚胎的移植也有手术法和非手术法两种。

1. 手术法

(1)牛:手术法移植胚胎与采集供体胚胎大致相同,一般只在3日龄前的胚胎(8细胞以前)移到输卵管内时才采用手术法,将已吸好胚胎的细管由喇叭口插入输卵管内,直到壶腹部,随即把带有胚胎的液体注入输卵管内。

(2)羊:受体羊在手术前肌内注射0.3~0.5mL 2%的静松灵,麻醉后进行手术,移植胚胎。胚胎用含0.3%~0.5% BSA的DPBS液或含10%血清的DPBS液保持,移植部位取决于胚龄。供体羊发情后2~3d从输卵管冲洗的胚胎,可从伞部移入到受体羊输卵管;供体

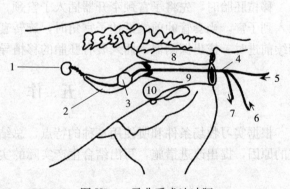

图X5-3 牛非手术法采胚示意图

1. 阴道 2. 子宫颈 3. 预期胚胎位置 4. 三联冲胚管的进气管 5. 三联冲胚管 6. 气囊 7. 冲胚液 8. 冲满冲胚液的子宫角 9. 胚胎滤器 10. 冲胚液流动方向 11. 充气方向

(杨利国 供图)

图X5-4 马非手术法冲胚

1. 卵巢 2. 子宫角 3. 冲胚管气囊 4. 冲胚管(三通式) 5. 进液管 6. 进气管 7. 回流管 8. 直肠 9. 阴道 10. 膀胱

羊发情后 6~7d 从子宫角收集的胚胎，移入至受体羊子宫角。

手术方法与冲卵手术类同。如果使用腹腔镜，分别在腹中线两侧 3~4cm 处先插入气腹针向腹腔充气，完毕后关掉阀门，目的是将内脏器官压向前部，使腹壁与内脏分离。拔出气腹针，分别放入窥镜和拨棒，开启电源，利用拨棒轻轻翻动找到卵巢，观察卵巢黄体。拔出拨棒，将胚胎移到排卵侧子宫角后，缓慢抽出窥镜及拨棒等，用碘酊对伤口进行消毒。该法可减少子宫、输卵管的粘连。

(3) 猪：同牛、羊手术法移植，只是移植胚胎数量比牛、羊多。由于猪胚胎冷冻保存效果较差，目前一般都为鲜胚移植。

2. 非手术法

(1) 牛：非手术法移植一般只适用于牛、马等大家畜。移植前先将可移胚胎吸入至 0.25mL 规格细管内，胚胎和培养液按照顺序吸入，隔着细管在体视显微镜下检查以确定胚胎是否在培养液中。然后将细管（有海绵塞端向后）装入移植器中待移。

受体保定、消毒和麻醉与供体相同。移植者先检查受体卵巢，确定黄体部位并记录发育状况，并将移胚管外套上消毒分配的塑料薄膜。分开受体阴唇，将移胚管插入阴道，当移胚管前端抵达子宫颈外口时，撤出塑料薄膜。按直肠把握输精法将移胚管经子宫颈和子宫体、插入到子宫角，注入胚胎，然后撤出移胚管。

(2) 猪：非手术法移植胚胎所用的器具主要由四部分构成：第一部分为子宫颈牵开器，是一改进的人工授精器械，主要起固定子宫颈的作用；第二部分为子宫颈移植套管，由一前端弯曲的不锈钢管构成；第三部分是一不锈钢杆制成的探测器，用于检查套管尖部沿生殖道前进的位置；第四部分即为胚胎移植导管，其前端较软，在插入子宫角时易形成环状，不易损伤子宫角。

移植胚胎时，先将子宫颈牵开器插入子宫颈，后将子宫颈移植套管及探测器通过牵开器插入到子宫，当套管的前端抵达子宫角时，旋转套管可感到阻力，且探测器阻止套管不能再继续前进时，拔出探测器，插入装有胚胎的移植导管，注入胚胎。

五、作 业

根据实习牧场条件和所使用畜种的特点，总结超数排卵和胚胎移植成功的经验，分析失败的原因，提出改进措施，写出结合生产实际的实习报告。

六、思 考 题

(1) 影响家畜超数排卵和胚胎移植效果的因素有哪些？
(2) 用激素对家畜进行超数排卵处理时，要注意哪些问题？
(3) 家畜用手术法或非手术法移植胚胎时，分别要注意哪些问题？
(4) 如何提高胚胎移植的成功率？

（娜仁花 编）

实习六 适时输精技术

一、实习目的及要求

适时输精是人工授精技术的重要组成，是保证人工授精技术成功、提高情期受胎率的重要环节。适时输精技术由准确鉴定发情排卵和正确输精两部分组成，由于发情鉴定有专门的实验和实习，所以本实验的主要目的，是掌握输精技术的基本原理与操作要领，比较各种动物输精的特点。

二、实习原理

适时输精是指合适时间将有受精能力的精液输入到母畜生殖道适宜位置，使母畜受胎的技术。确定输精适宜时期主要通过发情鉴定（通常为直肠检查或超声波检查）来实施；有受精能力的精液主要从市场获得，以细管分装的冷冻精液为主，有时是常温或低温保存的精液（猪）。因此，在输精前，除了进行发情鉴定外，还需解冻精液，并检查精液的质量，以确保受胎。

由于各种动物的体型大小、子宫颈结构、子宫颈与阴道交界处组织结构有差异，所以必须采用不同的输精方法。牛和羊的子宫颈口突出于阴道，而且关闭较紧，仅在发情时才略有松弛并开张。牛的体型大，可进行直肠把握法输精，即经直肠把握牛的子宫颈，调整子宫颈口，使其套在输精枪，把握子宫颈的左手与持输精枪的右手同时适度旋转，可使输精枪穿过子宫颈而到达子宫体，实现子宫内输精。羊的体型较小，无法实施直肠把握，加上子宫颈环形层厚而硬，颈管呈螺旋状，所以输精枪很难通过子宫颈口，故采用倒立法，使子宫退缩，将精液输入到子宫颈口浅部。猪的子宫颈与阴道界限不明显，子宫颈后端逐渐过渡为阴道，无明显阴道部，发情时子宫颈管开放，所以给猪输精时，很容易将输精管插入子宫颈并送入子宫体内，实现子宫内输精。犬的子宫颈和子宫体均较短，子宫颈突出于阴道内，子宫颈末端管壁逐渐增厚，无明显的子宫颈内口，因此可采用子宫颈深部输精或阴道底部输精方法。

三、实习条件

1. 实习牧场 有一定数量的发情母畜和足够的动物精液。

2. 器械 阴道开张器、输精器（金属的或玻璃的）、卡苏枪、输精胶管、注射器、生理盐水、95%酒精、75%酒精棉球等。

四、实习内容及方法

(一) 准备工作

1. 输精器械的清洗消毒 金属阴道开张器先以火焰消毒，塑料或有机玻璃制品可直接用75%酒精棉球消毒，输精器采用蒸煮消毒或75%酒精消毒，再以生理盐水冲洗2~3次。

2. 动物保定

(1) 牛：黄牛一般采用六柱栏保定，经产乳牛可利用颈夹保定，实习期间要求全部采用六柱栏保定。

(2) 羊：常采用倒立保定，保定人将母羊头夹紧在两腿之间，两手抓住母羊后腿，将其提到腹部，保定好不让羊动，母羊呈倒立状。为了节省劳力，也可将其保定在后躯可升降的保定圈内。

(3) 猪：在实施人工授精时，不需要做特殊保定。

(4) 犬：常用站立保定法。

3. 输精时间的确定和生殖道疾病检查

(1) 牛：通常采用直肠触诊卵巢判断输精时间（详见"直肠检查""发情鉴定"部分），在卵泡变软压迫有波动感时输精。大型乳牛场常采用早晚输精的方法，即在早上观察到母牛出现站立发情，下午或傍晚输精；下午观察到母牛出现站立发情，次日上午输精。

(2) 羊：一般在母羊开始发情后12~14h输精，隔半天再输一次。

(3) 猪：按压母猪腰尻部，母猪表现很安定、两耳竖立即出现静立反应时，是输精最佳时机。如用公猪试情，一般在母猪愿意接受公猪爬跨后4~8h内输精。

(4) 犬：在发情开始后第13~17天，外阴部充血肿胀明显，阴道分泌出带黄红色的黏液，这一阶段出血减少或停止，稍触到母犬臀部，母犬就会将尾巴左右偏转，允许交配。

4. 精液解冻与品质检查 精液存在储藏罐中，必须定期检查液氮量和温度；精液运输一般用液氮运输罐；从运输罐中取出细管精液时，提漏不应高出液氮罐口（图X6-1A），而且操作要快；余下的精液应快速放回储藏罐中，在空气中暴露的时间不得超过15s。

精液解冻可在泡沫塑料桶（图X6-1B）中进行，桶内适宜温度是36℃，不低于35℃，不高于37℃。利用恒温水浴杯（图X6-2C），可以保持36℃恒温水浴。使用测温卡监测水浴温度，绿色表示当前水温，蓝色表示当前水温高于这个温

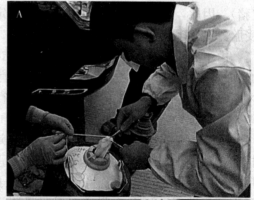

图X6-1 精液取出和解冻
A. 从液氮罐中取出细管时动作要快，而且提漏不能高出罐口 B. 在泡沫桶中解冻细管精液
（刘耘 供图）

度，黄色表示当前水温尚未达到这个温度（图 X6-2D）。

解冻后的精液必须立即使用。从液氮罐取出至输入牛子宫内的间隔时间，常规精液必须控制在 10min 以内，性控精液必须控制在 5min 之内。如果等待输精的母牛很多，不能控制在上述时间内，减少单次解冻的冻精数量。为了减少因输精枪温度低对精子造成的冷打击，最好使用专用的输精枪温控袋，将装入精液的输精枪保持温度在 37℃（图 X6-2E）。

用于输精的精液，鲜精精子活力必须在 0.6 以上，冻精活力必须在 0.35 以上。

（二）输精方法

1. 牛 将母牛保定在配种架或牛床颈枷上，把尾部拉向一侧，用温水洗涤外阴部并擦干。母牛输精通常采用直肠把握法，只有在无法实施直肠把握法时才用阴道开张器法。为了提高工作效率和输精效果，可配备输精专用手推车，即在手推车上装备恒温解冻杯、测温卡、液氮罐、手持电脑和配种记录表（图 X6-3）。

（1）直肠把握法：操作步骤如下：

①输精者左手戴长臂手套，涂以润滑剂，手指并拢呈锥形，缓缓插入母牛肛门并伸入直肠，掏空宿粪，触摸了解子宫颈、子宫角及卵泡发育状况。

②用右手或请助手用 1/5 000 的新洁尔灭溶液清洗、消毒母牛外阴部。

③伸到直肠内的左臂用力向下压或向左侧牵动，使阴门开张，也可以让畜主将外阴部向一侧拉开。

④右手持吸有精液的输精器插入阴道内，注意不要触及外阴皮肤。

⑤输精器自阴门先向上斜插 5~10cm，再向前插入到子宫颈外口处。

⑥左手隔着直肠将子宫颈半握，使

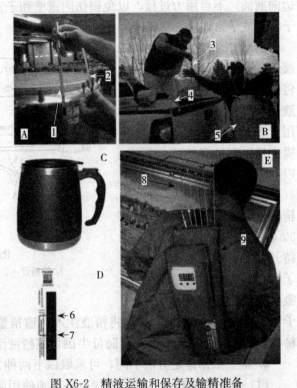

图 X6-2 精液运输和保存及输精准备
A. 定期检查精液储存罐中的液氮及温度 B. 从配送车取出细管时快速放入储存罐中 C. 用保温杯解冻精液 D. 测温卡
E. 专用的输精枪保温袋
1. 超低温温度计 2. 细管 3. 细管精液 4. 运输细管精液的运输罐 5. 细管精液储藏罐 6. 解冻温度上限（37℃）
7. 解冻温度下限（35℃） 8. 输精枪 9. 输精枪温控袋
（宋亚攀 供图）

图 X6-3 输精专用手推车
（宋亚攀 供图）

子宫颈下部固定在骨盆底上，右手抬高输精器尾部，轻轻向前推进，两手相互配合，边活动边向前插，不可用力过猛，以免损伤阴道壁和子宫颈，当感到穿过数个障碍物时，就已插入子宫颈或子宫体（图X6-4）。

⑦将精液注入子宫颈后缓缓取出输精器，用左手轻轻揉捏子宫颈数次，防止精液倒流，然后拉出左手。如用卡苏枪输精，还应检查套嘴中是否有过多的残留精液，以判定输精是否成功。

（2）阴道开张器法：输精时，阴道开张器保持25°~30°，涂抹少量润滑剂。一手持开张器，打开阴道，找到子宫颈外口，另一手将事先吸有精液的输精器尖端插入

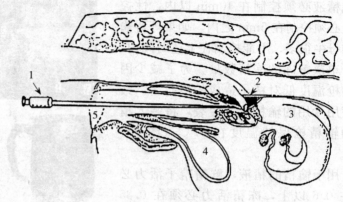

图 X6-4　直肠把握输精法操作
1. 输精管　2. 子宫颈　3. 子宫角　4. 膀胱　5. 尿道开口
（杨利国　供图）

子宫颈口1~2cm深处，徐徐将精液注入，输精量一般为1~2mL。输精完毕，小心取出输精器和开张器，压其背部，以防母牛拱背使精液倒流。

2. 羊　根据保定方法不同，可采取以下两种方法输精。

（1）倒立式输精法：该法的优点是不须使用阴道开张器，操作简便，而且精液注入子宫的部位较深；该法的缺点是操作需要2人同时进行，而且保定人员体力消耗较大。操作时，保定人员先抓住母羊两后脚，将其倒立，然后用双腿夹住母羊颈部，面对母羊背部，将其保定（图X6-5）。输精员只需将输精枪插入阴道，对准子宫颈口，以旋转方式向子宫角方向插入。此时，因为母羊子宫颈往前缩，而且受重力和相连组织的制约，所以容易将输精枪插入子宫颈口，因而精液输入部位较深，受胎率较高。

（2）站立式输精法：将经消毒后在1%氯化钠溶液浸涮过的开张器装上照明灯（图X6-6A和B），轻缓地插入阴道，打开阴道，找到子宫颈口，将吸有精液的输精器通过开张器插入子宫颈口内，深度约1cm（图X6-6C）。稍将开张器后退一点点，输入精液，然后退出输精器，最后退出开张器。

3. 猪　输精时，将输精瓶或储精袋连接输精管，然后将输精管从母猪阴户徐徐插进去，插到不能再插入为止，动作要轻，输精员用一只脚踏在母猪腰背部，一只手拉住尾巴，另一只手持注射器，按压注射器柄，精液便流入子宫。注射时，最好将输精管左右轻微旋转，用右手食指按

图 X6-5　羊倒立式输精保定方法
（范海瑞　供图）

摩阴核，增加母猪快感，刺激阴道和子宫的收缩，避免精液外流。输精完毕后，将输精管向前或左右轻轻转动2min，然后轻轻抽出输精管。

4. 犬

（1）输精管的准备：犬的输精管可用尼龙导管、玻璃细管等代替，使用前应认真检查，防止破漏，并进行彻底消毒。

（2）母犬的准备：将发情母犬站立保定后，尾巴拉向一边；将阴门及附近用温肥皂水擦洗干净，并用消毒液进行消毒，再用生理盐水冲洗，之后擦干净。

（3）输精：母犬站立保定后，输精人员一手分开阴唇，一手将输精管缓缓伸入到阴道内，边旋转边伸入，使输精管沿着背线方向缓慢地旋转插入阴道，直到不能前进为止。一般插入深度为7～10cm，于子宫颈口的位置，慢慢注入精液。输精结束后，将母犬的后躯抬高片刻，以防止精液流出。采用子宫颈深部输精，则采用倒立保定，先将阴道内窥镜插入阴道，在观察到子宫颈后，利用输精抢挑开

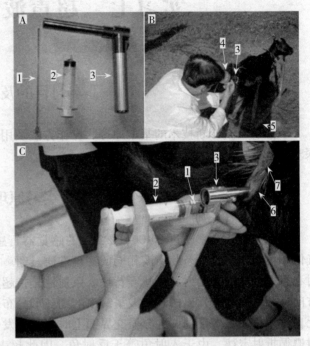

图 X6-6　羊用输精器械和输精
A. 羊用输精器械　B. 检查阴道　C. 输精
1. 输精枪　2. 注射器　3. 阴道开张器　4. 头灯
5. 简易保定架　6. 外阴　7. 尾根
（熊家军　供图）

子宫颈口，并将输精枪插入子宫颈口内1～2cm，慢慢注入精液。输精结束后，让母犬保持倒立状态数分钟，以防止精液流出。

五、作　业

根据所实习的动物种类和生产实际情况，学习生产单位在人工授精方面的成功经验，分析存在的问题，写出实习报告。

六、思考题

（1）各种动物输精的特点是什么？
（2）怎样输精才能提高情期受胎率？

（常仲乐　编）

实习七　超声波诊断技术

一、实习目的及要求

掌握超声波诊断技术的基本原理、操作方法及用途，了解各种超声波诊断仪的特性，加深对生殖器官组织结构的理解。

二、实习原理

超声波是指频率超过 20 000Hz、人的感觉器官感觉不到的声波，可以在固体、液体和气体中传播，并且具有与声波相同的物理性质。超声波频率高，波长短，还具有束射性、反射和折射、散射与衍射、衰减等特性。束射性是指超声波可集中向一个方向传播，有较强的方向性，由换能器发出的超声波呈窄束的圆柱形分布，故称为超声束。当一束超声波入射到比自身波长大很多倍的两种介质交界面上时，就会发生反射和折射。反射遵循反射定律，折射遵循折射定律。由于入射角等于反射角，因此超声波诊断时要求声束尽量与组织界面垂直。超声波的反射还与界面两边的声阻抗有关，两介质声阻抗相差越大，入射超声束反射越强。声阻抗相差越小反射越弱。穿过大界面的透射声，可能沿入射声束的方向继续进行，亦可能偏离入射声束的方向而传播，后一种现象称为超声折射，是由于两种介质内声速不同所致。超声波在介质内传播过程中，如果所遇到的物体界面直径大于超声波的波长则发生反射，如果直径小于波长，超声波的传播方向将发生偏离，在绕过物体以后又以原来的方向传播，此时反射回波很少，这种现象称为衍射。因此波长越短超声波的分辨力越好。如果物体是直径小于超声波长的微粒，在通过这种微粒时大部分超声波继续向前传播，小部分超声波能量被微粒向四面八方辐射，这种现象称为散射。超声波在介质中传播时，入射超声能量会随着传播距离的增加而逐渐减小，这种现象称为超声波的衰减。超声波在介质中传播时，声能转变成热能，称为吸收；介质对超声波的反射、散射使得入射超声波的能量向其他方向转移，而返回的超声波能量越来越小。

超声波诊断技术主要依据各种组织器官对超声波的反射或吸收能力不同，从而做出不同的反应，而这些反应可用仪器设备检测出来。超声波诊断仪有 A、B、D、M、V 等型号，在动物繁殖上曾用过 D 型（即多普勒超声波仪），现多用 B 型超声波仪，当声束穿经动物机体时，将各层组织所构成的界面和组织内结构的反射回声，以光点的明暗反应其强弱，由众多的光点排列有序地组成相应切面的图像。尤其是灰阶及实时成像技术的采用，使图像非常清晰，层次丰富，一般使用的超声检查仪对囊性或实性的占位性病变均可在 5mm 或 10mm 大小检出，在对比条件好的情况下，如卵泡变化，于 2～3mm 时即可发现。实时成像功能可供动态观察，随时了解器官与组织的运动状态。

B 型超声声像图检查应用极广。各种动物的发情鉴定、妊娠诊断、生殖疾病监控等，均可用该技术。

三、实习条件

发情和妊娠母畜、保定架、一次性长臂手套、面盆、肥皂、毛巾、超声波诊断仪等。

四、实习内容

（一）被检动物准备

1. 大动物 对牛（水牛、牦牛）、马、驴、象等大动物进行超声波检查时，可按直肠检查方法进行保定。

2. 小动物 对绵羊、山羊、猪、犬、猫、兔等小动物进行超声波检查时，须先保定在检查台上，然后剃毛，再涂超声波专用耦合剂。

（二）超声波仪使用方法

1. 超声波仪的基本构造 B型线性超声诊断仪主要由探头、发射/接收单元、数字扫描转换器、显示照相记录系统、面板控制系统、键盘和电源装置等组成。外观可见探头、面板、键盘和电源等装置（图X7-1）。探头是由多晶片（阵元）排列构成的长条状物体，一般宽度为1cm、长度为10～15cm，探头中的晶片数在64～128只范围内；晶片的尺寸随使用的超声频率不同而有差异；晶片之间不但有良好的电绝缘，同时尽可能做到完全的声隔离。

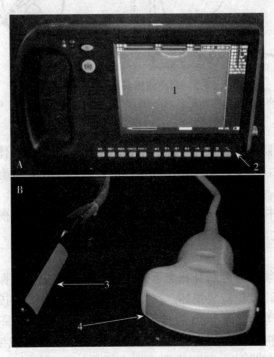

图 X7-1 便携式超声波诊断仪基本构造
A. 面板 B. 探头
1. 显示屏 2. 键盘 3. 直肠探头 4. 皮肤探头

通过探头发送和接收超声波信号，并对发射和接收的超声波信号实施电子聚焦和多点聚焦的控制；同时对探头中的多个晶体实施电子开关控制，从而实现超声束的扫描。从探头接收的超声回波信号在该单元中进行放大、检波和各种预处理，然后送到数字扫描转换器，进行 A/D 转换（即模拟/数字转换）变成数字信号，并予以存储和完成各项后处理的功能，所有将要显示的信号，都在转换器中完成 D/A 转换，最后混合变为合成的视频信号送入监视、照相、记录系统。

2. 操作步骤 根据所用超声波诊断仪使用说明书进行操作，探头必须对准所探查的器官，尤其应保证探头发射的超声波（通常为扇形）垂直对准被检器官（图 X7-2）。

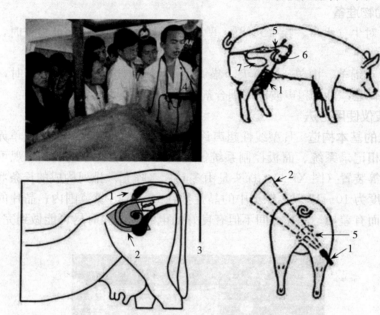

图 X7-2 超声波探头放置部位与方向
1. 探头 2. 超声波扫描的扇形面 3. 探头连接线 4. 显示屏 5. 子宫 6. 胎囊 7. 膀胱

3. 注意事项

（1）仪器保养：仪器应该安放在干燥、清洁、防尘、无腐蚀气体、无强电磁场干扰的环境中。避免在气压过大，湿度、温度超出规定标准，通风不良，或有易燃、易爆、强腐蚀性物品的场所使用、储存。

（2）操作环境：操作环境的光照应该较暗，避免强光直照监视器，以利于图像观察，并保持通风、防尘。此外，必须有完好的供电系统和良好接地，并接地线（接地柱在后部）。

（3）正确操作：必须在电源断开状态下拔、插探头，以免损坏探头及主机。在仪器的搬运过程中应将探头拔下，以免造成损坏。严禁在未关闭电源开关时拔出或插入电源插头。若关机后需马上开机，应等待 2~3min 后进行，以免损坏仪器。用探头接触诊断部位时，不宜用力过度，以免损坏探头。使用完探头后，应立即用柔软的布或纸先清洁其上的耦合剂，然后用一块新的软布轻轻擦拭，严禁将探头浸在耦合剂中。探头为贵重易损部件，严禁跌撞、跌落。暂停诊断时，应将其放入探头盒内，并按下冻结键，使探头处于冻结状态。长时间不使用仪器时，必须拔掉电网电源插头。

（三）超声波显示屏识读

1. 超声波显示屏识读基本原则

（1）吸收与荧屏显示：液体物质对超声波的吸收能力较强、反射能力较弱，所以在显示屏上出现的颜色较深；相反，愈是硬实的组织对超声波的吸收能力愈弱、反射能力愈强，在显示屏显示的颜色较浅。

（2）立体与平面概念：在荧屏看到的实质是立体图像，同一种组织由于距离超声波源不一样，在荧屏显示的图像有差异（其中一些超声波被吸收）。因此，观看图像时必须同时有立体和平面两种感觉（图X7-3）。

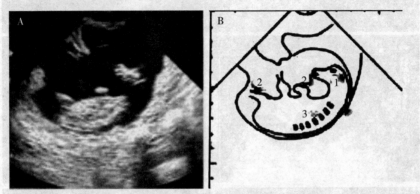

图 X7-3　观看超声波图像的立体与平面概念
A. 荧屏实图　B. 根据荧光屏实图想象的图
1. 头　2. 脚　3. 躯干

2. 卵巢观察　观察卵巢的卵泡和黄体大小及数量，既可进行发情鉴定，又可进行生殖机能监测，还可了解卵泡发育规律（图X7-4）。

3. 子宫观察　妊娠诊断、胚胎发育规律研究以及生殖道疾病监测时可用超声波进行诊

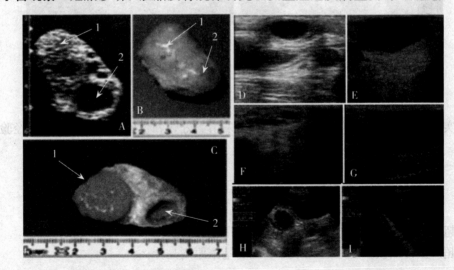

图 X7-4　牛卵巢上卵泡和黄体超声波成像图及其与实物的对比
A. 卵泡和黄体的超声波成像图　B. 牛卵巢　C. 剥离外膜、显示黄体和卵泡　D. 排卵前的牛卵泡　E. 囊肿的牛卵巢
F. 正常的牛黄体　G. 囊肿的牛黄体　H. 测量卵巢直径（两白色X之间的距离，为2.87cm）　I. 测量卵泡直径
1. 黄体　2. 卵泡

断。操作时，除观察子宫大小、子宫内容物外（生殖道疾病监测和子宫复原评定），还须观察胚胎发育情况，以及胚胎数（图 X7-5）。

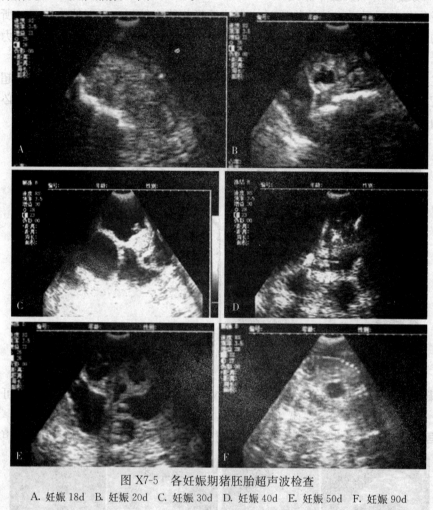

图 X7-5　各妊娠期猪胚胎超声波检查
A. 妊娠 18d　B. 妊娠 20d　C. 妊娠 30d　D. 妊娠 40d　E. 妊娠 50d　F. 妊娠 90d

五、作　业

根据实习畜种，总结应用超声波技术诊断发情、妊娠和生殖道疾病的体会或经验，写出实习报告。

六、思　考　题

（1）超声波诊断技术在动物繁殖上的主要用途有哪些？
（2）超声波诊断技术应用过程中应掌握的基本原则是什么？

（刘耘　杨利国　编）

实习八　家畜助产及仔畜产后护理

一、实习目的及要求

以牛、羊或猪为例，熟悉母畜分娩预兆及分娩过程，掌握各种动物分娩预兆和分娩过程的特点；了解助产的一般方法及基本要领，掌握各种家畜助产特点；掌握新生仔畜产后护理技术，了解各种家畜产后护理特点。

二、实习原理

分娩是哺乳动物胎儿发育成熟后的一种自发性生理活动，受外界环境、母体和胎儿发育等因素的影响。一般认为，胎儿在母体内发育成熟后，胎儿中枢神经系统通过下丘脑可调节垂体前叶分泌促肾上腺皮质激素，使肾上腺皮质产生糖皮质激素。糖皮质激素通过胎儿血液循环到达胎盘，使胎盘合成的孕酮转化为雌激素，雌激素的分泌增加可刺激子宫内膜前列腺素的分泌，经子宫静脉与卵巢动脉的吻合支到达卵巢，溶解黄体，使孕酮水平下降，并刺激子宫的收缩。孕酮对子宫肌抑制作用的解除、雌激素水平的急速上升和生理作用的加强以及胎儿对产道的刺激反射性引起神经垂体中催产素的释放等综合因素，共同促发子宫有节律地阵缩和努责，发动分娩，排出胎儿。

幼畜出生时由于组织器官尚未完全发育，对外界不良环境抵抗力低，神经系统反应性不足，皮肤保护机能差，体温调节机能弱，消化道容易被细菌感染，所以容易受各种病菌的侵袭而引起疾病，甚至死亡。因此，必须根据上述特性予以重点看护。

三、实习条件

1. **实习牧场**　饲养规模上百头的乳牛场、肉牛场、猪场或羊场。
2. **器械**　产房内应准备的器械有：脸盆、肥皂、毛巾、刷子、细绳、脱脂棉以及镊子、剪刀、注射器、针头、体温表、听诊器、产科绳、助产器、照明设备等。
3. **试剂**　煤酚皂溶液、70%酒精、2%～5%碘酊、0.1%新洁尔灭、催产素、抗生素等。

四、实习内容及操作步骤

（一）分娩预兆的观察

主要从以下几个方面进行观察。
1. **乳房**　在分娩前乳房发育比较迅速，体积增大，临产前乳头也膨起，充满初乳。某些经产母牛产前常有漏乳现象；产前 3d，母猪中部乳头可挤出清亮胶样液体，产前 1d，可挤出初乳或出现漏乳现象。母羊临产前乳房迅速增大，稍现红色而发亮，乳头直立，乳静脉血管怒张，手摸有硬肿感。初产母羊在怀孕 3～4 个月时，乳房就慢慢地膨大，到后期更为显著。临产前能挤出黄色初乳。

2. 阴唇 在分娩前约一周，阴唇开始逐渐肿胀、松软、充血。阴唇皮肤上的皱纹逐渐展平。临近分娩的母羊，阴唇肿胀潮红，阴门容易开张，卧下时更为明显。生殖道流出的黏液变稀而透明，牵缕性增加。

3. 阴道和子宫颈 阴道黏膜潮红。子宫颈在分娩前 1～2d 开始肿胀、松软，子宫颈内黏液变稀，流入阴道，从阴门可见透明黏液流出。

4. 荐坐韧带 荐坐韧带在临近分娩时开始松弛。在分娩前 1～2 周时开始软化；产前 12～36h 荐坐韧带后缘变得非常松软，同时荐髂韧带也松弛，荐骨可以活动的范围增大，尾根两侧凹陷，牛、羊尤其明显。母羊在产前 2～3h，尾根及其欣部两侧肌肉松软有凹陷，行走时可见到颤动。

5. 体温 母牛临产前体温逐渐升高，在分娩前 7～8d 高达 39～39.5℃，但临产前 12h 左右，体温可下降 0.4～1.2℃。

6. 外部表现 临产前母牛表现不安，食欲减退或停食；前肢搂草，常回顾腹部；频频排粪、排尿，但量很少；举尾，起立不安。母猪在产前 6～12h 常有衔草做窝的表现，尤其是地方品种猪。羊分娩前数小时，精神不安，前肢刨地和起卧频繁，回头望腹，常有离群靠在墙根或安静的地方呆立，目光凝滞，躺卧时两后肢不向腹下曲缩，而是呈伸直状态，经常有排尿姿态，排尿次数增多等现象。

（二）产前的准备工作

要选择清洁、安静、宽敞、通风良好的房舍作为专用产房。产房在使用前要进行清扫消毒，并铺上干燥、清洁、柔软的垫草，准备必需的药品和用具。根据配种记录一般在预产期前 1～2 周将母畜转入产房。产房 24h 要有人值班。

（三）助产方法

原则上，对正常分娩的母畜无需助产，让其自然分娩。助产人员的主要职责是监视母畜的分娩情况，发现问题时给母畜必要的辅助和对仔畜及时护理。在助产时操作人员要注意自身的消毒和保护，防止人身伤害和人兽共患病的感染。

助产前，操作人员先将手指甲剪短磨光，手臂用肥皂水洗净，再用来苏儿消毒，涂上润滑剂或肥皂水进行助产。助产工作应在严格遵守消毒的原则下，牛、羊、猪助产操作步骤如下：

1. 牛

（1）将母牛外阴部、肛门、尾根及后臀部用温水、肥皂洗净擦干，再用 1％来苏儿溶液消毒母牛肛门、外阴部、尾根周围。助产人员要戴好医用手套。母牛卧下最好是左侧着地，以减少瘤胃对胎儿的压迫。

（2）当母牛开始努责时，如果胎膜已经露出而不能及时产出，应注意检查胎儿的方向、位置和姿势是否正常。正生胎儿只要方向、位置和姿势正常，可以让其自然分娩，若有反常应及时矫正。

（3）当胎儿蹄、嘴、头大部分已经露出阴门仍未破水时，可用手指轻轻撕破羊膜绒毛膜，或自行破水后应及时把鼻腔和口内的黏液擦去，以便呼吸。

（4）胎儿头部通过阴门时，要注意保护阴门和会阴部，尤其当阴门和会阴部过分紧张时，应有一人用两手搂住阴唇，以防止阴门上角或会阴撑破。

（5）如果母牛努责无力，可用手或产科绳缚住胎儿的两前肢掌部，同时用手握住胎儿下颌，随着母牛努责，左右交替使用力量，顺着骨盆产道的方向慢慢拉出胎儿。倒生胎儿应在两后肢伸出后及时拉出，因为当胎儿腹部进入骨盆腔时，脐带可能被压在骨盆底上，如果排出缓慢，胎儿容易窒息死亡。手拉胎儿时，要注意在胎儿的骨盆部通过阴门后，放慢拉出速度，以免引起子宫脱出。

2. 羊 如果羊水流出后 20~30min、胎儿仍未产出，或仅露蹄、嘴巴，母羊努责无力，这时就应考虑助产。助产应根据胎势、胎位、胎向、正生、倒生、胎儿死活等情况采用适宜方法。

（1）胎头侧转的助产：从母羊阴门伸出一长一短的两前肢，不见胎头露出。在骨盆前缘或子宫内，可摸到转向一侧的胎头或胎颈，通常是转向前肢伸出较短的一侧。助产时，对于头颈侧转较轻的母羊，用手握住胎唇或眼眶，稍推胎头，然后拉出胎头；对于头颈侧转严重的母羊，可用单绳套拉正胎头。即将术者中间三指套上单绳带入子宫，将绳套套住胎羊下颌拉紧，在推胎儿的同时，拉正胎头。

（2）胎头下弯的助产：在母羊阴门附近可能看到两蹄尖，在骨盆前缘胎头弯于两前肢之间，可摸到下弯的额部、顶部或下弯颈部。对于胎头下弯较轻的母羊，助产时，宜先缚好两前肢，然后手握胎儿下颌向上提并向前后推。也可用拇指向前压头，并用其他四指向后拉下颌，可拉正胎头。对于胎头下弯较重的母羊，助产时可用手将胎儿往后送入子宫底部，然后用手握住下颌用力拉出胎头，或用产科绳套套住下颌，用手外拉胎头。

（3）胎头后仰的助产：在产道内发现两前肢向前，向后可摸到后仰的颈部气管轮，再向前可摸到向上的胎头时，最好使母羊站立，以便矫正。术者手握胎儿鼻端，一面左右摇摆，一面将胎头拉入产道。也可用单绳套套住下颌，在推动胎儿的同时，拉正胎头。

（4）颈扭转的助产：在胎羊两前肢入产道，在产道内可摸到下颌向上的胎头，胎儿可能位于两前肢之间或下方时，将胎头推入子宫，用手扭正胎头，再拉入产道。

（5）前肢姿势不正的助产：胎羊一侧腕关节弯曲时，从产道伸出一前肢，而两侧性时，前两肢均不伸入产道，在产道内或骨盆前缘可摸到正常胎头及弯曲腕关节。这种情况下的助产，首先必须提起母羊后肢，使胎儿前移，便于矫正。术者用力将胎儿推至前方，然后握住不正肢的掌部，一边往里推，一边往上抬，再趁势下滑握住羊蹄，在用力向上抬的同时，将羊蹄拉入产道。

（6）后肢姿势不正的助产：胎羊后肢姿势不正的倒生，有跗关节屈曲和髋关节屈曲两种。一侧跗关节屈曲时，从产道伸出一后肢，蹄底向上，产道检查时可摸到尾巴、肛门及屈曲的跗关节，助产方法与正生时腕关节屈曲相同。如果胎儿已死亡，可采用截胎术或剖腹产。如果一侧髋关节屈曲，从阴门伸出一蹄底向上的后肢，检查时可摸到尾巴、肛门、臀部及向前伸直的一后肢。助产时，先用力推动胎儿，用手握胫部下端，再用消毒绳拴住胫部下端往后拉，使之变成跗关节屈曲，再按跗关节的助产方法进行。

3. 猪 在接产过程中，如果发现胎衣破裂，羊水流出，母猪用力时间较长，但仔猪又生不下来，可判定为难产，此时应给母猪实施助产。

(1) 接产员用手托住母猪后腹部，随同母猪的努责，向臀部方向用力推。

(2) 仔猪的头或腿露出阴门时，可用手抓住仔猪的头或腿慢慢用力拉。

(3) 母猪长时间努责、仔猪仍生不下来时，可用手慢慢伸入产道内掏出仔猪；当掏出1头仔猪后，转为正产时，就不需再掏。

(4) 所有仔猪娩出后，给母猪肌内注射催产素20～40IU。

(5) 助产时如果产道干燥，可将油类（如液状石蜡）灌入产道后，用手拖出胎儿。

(6) 如果产程较长，确诊所有胎儿已死（通过母猪腹壁反复触摸胎儿不动，一般可认为胎儿已死；也可通过产道内检查，确定胎儿是否死亡），则须子宫灌注温盐水、苯甲酸雌二醇或0.1%高锰酸钾溶液，以促进死胎和胎衣的排出。

①温盐水的配制：根据猪体大小用开水约10L，加入清洁的食盐配制成2%～3%的溶液，待水凉至38～40℃时即用。

②苯甲酸雌二醇灌注液配制：取其注射液（含苯甲酸雌二醇15mg），混于250～300mL 40℃左右的温开水中备用。

③0.1%高锰酸钾溶液灌注液配制：取高锰酸钾1g，用40℃左右的温开水1 000mL溶解，备用。

④灌注方法：将母猪侧卧保定，左侧卧左手操作，右侧卧右手操作。操作时五指并拢，掌心向上，大拇指朝母猪背部方向，先伸入产道，达子宫颈时触摸胎儿姿势。若胎儿死亡，先将胎儿推回子宫，然后将输精管慢慢插入子宫内，灌3～4L上述灌注液到子宫内即可。一般1～2d内死胎儿和胎衣会相继排出。在子宫和腹壁的努责力微弱时，灌注温盐水后可适当注射催产素30～50IU，有利于促进胎儿和胎衣的排出。

(四) 新生仔畜的护理

1. 基本原则

(1) 及时清除黏液：胎儿产出后发生窒息现象时，应及时清除鼻腔和口腔中的黏液，并立即进行人工呼吸。对新生仔猪和羔羊还可倒提起来轻抖，以利于排出吸入的羊水，促进其恢复呼吸。

用毛巾、软草把鼻腔内的黏液擦净，然后将仔畜身上的黏液擦干。肉牛和羊产仔时，可令母畜舔干仔畜身上的黏液。

(2) 正确断脐：多数仔畜生下来脐带可自然扯断。如果没有扯断可在距胎儿（牛）腹部10～12cm处涂擦碘酒，然后用消毒的剪刀剪断，在断端上再涂上碘酒。

(3) 称重编号：处理脐带后要称初生重、编号，放入保育栏内，注意仔畜保暖。

(4) 尽早喂初乳：仔畜出生后，尽早给仔畜吃到初乳。

(5) 其他：防止仔畜走失和被母畜压死。

2. 牛、羊、猪新生畜护理措施

(1) 牛：犊牛出生后，应注意如下几点：

①净身、断脐与去脚质块：即用稻草或干净抹布清除犊牛口、鼻黏液，以免影响犊牛的呼吸；在距腹部4～6cm处用消毒的绳子扎紧，再在绳结下方1～1.5cm处剪断脐带，然后用碘酒敷于断端，并用布包扎，以防感染；让母牛舔干犊牛身上的黏液，以利于牛犊呼吸器官机能的提高和肠蠕动，并可加速母牛胎衣的排出；最后，除去脚上的脚质块。

②饲哺初乳：犊牛出生后0.5～1h饲喂初乳，使其尽早获得母源抗体，以增强犊牛对疾

病的抵抗力。体弱的犊牛要人工辅助哺乳,直到自己会吃乳为止。

③保暖:冬季出生的犊牛,除了采取护理措施外,还要搞好防寒保温工作,但不要点柴草生火取暖,以防烟熏使犊牛患肺炎。

④清洁卫生:要保持犊牛舍清洁、通风、干燥,牛床、牛栏、应定期用2%氢氧化钠溶液冲刷,且消毒药液也要定期更换品种。褥草应勤换。冬季犊牛舍温度要达到18～22℃,当温度低于13℃时新生犊牛会出现冷应激反应。夏天通风良好,保持舍内清洁、空气新鲜。新生犊牛最好圈养在犊牛舍内。在放入新生犊牛前,犊牛舍必须消毒并空舍3星期,防止病菌交叉感染。应将下痢犊牛与健康犊牛完全隔离。

⑤补硒:犊牛出生当天应补硒。出生时补硒既促进犊牛健康生长,又防止发生白肌病。肌内注射0.1%亚硒酸钠8～10mL或亚硒酸钠、维生素E合剂5～8mL,出生后15d再加补1次,最好臀部肌内注射。

⑥去掉副乳头:成年乳牛乳房上的副乳头给挤乳、清洗乳房等都带来不方便,也易形成乳腺炎。犊牛生后1星期内,用剪刀从副乳头基部剪去,涂以碘酊即可。

⑦观察粪便的形状、颜色和气味:观察犊牛刚刚排出的粪便,可了解其消化道的状态和饲养管理状况。在哺乳期中犊牛若哺乳量过多则粪便软、呈淡黄色或灰色;黑硬的粪便则可能是由于饮水不足造成的;受凉时粪便多气泡;患胃肠炎时粪便混有黏液。正常犊牛粪便呈黄褐色,开始吃草后变干并呈盘状。

⑧心跳次数和呼吸次数:刚出生的犊牛心跳加快,一般120～190次/min,以后逐渐减少。哺乳期犊牛90～110次/min。犊牛呼吸次数的正常值为20～50次/min,在寒冷的条件下呼吸数稍有增加。

⑨测体温:一般犊牛的正常体温在38.5～39.5℃。发生感染时,体温升高。当犊牛体温达40℃时称为微烧,40～41℃时称为中烧,41～42℃时称为高烧。发现犊牛异常时应先测体温并间断性多测几次,记下体温变化情况,这有助于对疾病的诊断。一般情况下犊牛正常体温是上午偏低、下午偏高,所以在诊断疾病时要加以鉴别。

⑩预防犊牛舔癖:犊牛每次吃乳完毕,应将其口鼻擦拭干净,以免其自行舔鼻,造成舔癖。有舔癖的犊牛,因舔食被毛,易引发炎症。

(2) 羊:羔羊出生后,应立即握住其嘴,擦净口腔、鼻眼内的羊水,并将羔羊移到母羊视线内,让母羊舔羔羊,促进胎衣的脱落,使母羊很快接受羔羊吮乳;初产母羊如不舔羔羊的身体,可以用干草束或干净的纱布擦干羔羊躯体后再做处理。对出生后呈假死状的羔羊应及时摇动羔羊的后腿,动作要快而有力;同时,用手指弹击心脏部位或做人工呼吸,具体方法是使羔羊仰卧,背靠垫草,转换伸屈前肢,轻压胸部,使其恢复正常状态。

在正常情况下,羔羊出生后脐带自行断开的,如果不断开可用消过毒的剪刀距羔羊体表8～10cm处剪断,再涂以碘酊,也可用碘酒浸泡1min。一般健康羔羊出生后15～20min开始起立,有寻找母羊乳头和吸乳的动作,这时应挤去母羊乳房中第一股乳再让羔羊靠近,必要时人工辅助羔羊首次吃乳;羔羊吃初乳有利于排出胎便和促进胃肠蠕动,并能使羔羊体内产生免疫力。当双羔中的弱羔被强羔排挤造成弱羔羊出生后吃不上初乳,饲养员将手指伸入弱羔羊嘴内感到凉时,应立即给弱羔羊喂些温乳。温乳最好是刚产羔母羊的初乳。如果没有初乳,可采用代替办法暂时救急,用700g牛乳加1枚鸡蛋、4mL鱼肝油和15～30g白糖搅匀,用奶瓶哺乳。

羔羊第一次吃乳之前，用温水洗净母羊乳头及周围，应在产后1.5h以内让羔羊吃到第1次母乳。由于新生羔一次吮乳量有限，每隔2~3h应哺乳一次；生双羔的母羊应同时让两羔羊近前吮乳，然后可将母羊关进单间室内，放一桶温水和干草，让母羊安静1.5h左右，再将羔羊放进去，待母子自行相认哺乳。

羔羊出生后2~4h，可将其转入一般羊舍，转出前用涂料在母子体侧打上同一编号，单羔编在左侧，双羔编在右侧，以便于查找核实。弱羔可以晚几天转栏，转栏后应注意保温，顶棚不漏风，墙壁无缝隙，最好顺墙铺垫一层垫草，室温一般为4~6℃。羊舍应保持干燥，无过堂风，垫草铺匀。

对失去或找不到母羊的羔羊，可改用牛乳进行人工哺乳。应选择乳脂率高的牛乳，乳温以30℃左右为宜。开始5d内每天喂5次，以后减为3次，20d后每天喂2次。喂量为1~7d 200g，7~15d 300g，15~20d 400~700g，20~30d 700~900g。

新生羔羊体温过低是体弱、死亡的主要原因。羔羊的正常体温是39~40℃，一旦低于36~37℃时，如果不及时采取措施会很快死亡。出现羔羊体温过低的主要原因一是出生后5h之内全身未擦干，散热过多；二是出生6h以后（多数是在12~72h）吃乳不足，导致饥饿而耗尽体内有限的能量储备，而自身又难以产生需要的热能。护理体温降低的羔羊，要尽快使其体温恢复到37℃，用木箱红外灯距羔羊120cm进行增温或采取他增温措施。

(3) 猪：当仔猪产出后，用双手托起仔猪，立即清除仔猪口中及鼻周围的黏液，以免窒息，然后先用卫生纸擦干仔猪身上的黏液，以免仔猪受冻，而后断脐带（断脐应在仔猪出生10min后进行，不宜过早，以免出血多）。断脐时，先将脐带内血液向腹部方向推挤几次，然后在距离仔猪腹部4cm处，用两手扯断脐带（一般不用剪刀，以免流血过多），断端涂以5%碘酊消毒，完毕将仔猪放入产床的保温内箱内。在全窝仔猪生产完毕后，要及时剪掉每头仔猪的尖牙。并在吃初乳前灌服庆大霉素1mL，以防仔猪下痢。最后用高锰酸钾溶液消毒母猪后躯、外阴部、乳房。

有些初产母猪分娩时，性情暴躁，还会咬死刚产下的仔猪。对此，可将刚产下的仔猪放入护仔筐内，待母猪产下7~8头仔猪以后，再一起放到母猪腹边。此时，接产人员可轻揉母猪的乳房，使之适应授乳，且有利于分娩。必要时，可对母猪肌内注射盐酸氯丙嗪注射液2mL（50mg）×5支。

出生后1周龄内的仔猪，每天滴服1次土霉素溶液，对预防下痢很有好处。处方为1g土霉素粉溶于100mL冷开水中，每头每天滴服3mL。

发现仔猪下痢应早治疗，投药途径以口服为好。应当选用能在肠道中保持较高浓度而吸收缓慢的药物，如链霉素、卡那霉素、庆大霉素等。

(五) 母畜的护理

(1) 擦净母畜外阴部、臀部和后躯黏附的血液、羊水及黏液，并进行认真的消毒。

(2) 更换垫草。

(3) 及时给母畜饮水并给予易消化的饲料。

(4) 注意胎衣排出的时间和排出的胎衣是否完整，如发现胎衣不下或部分胎衣滞留的情况，应请兽医做相应处理。母猪的胎衣排出后，应检查是否还有胎儿。

(5) 注意观察母畜产后的行为和状态，发现异常情况必须立即采取对应措施。

五、作 业

根据实习牧场的生产实际情况和繁殖记录，针对实习畜种，分析实习单位在母畜助产和仔畜产后护理方面的成功经验，提出改进措施，写出实习报告。

六、思 考 题

(1) 各种母畜临产前外部表现有哪些异同点？
(2) 牛、羊和猪分娩过程有哪几个阶段？
(3) 简述母畜助产及产后护理的重要意义。

（王杏龙　编）

实习九 家畜不孕不育症检查

一、实习目的及要求

了解生产实践中常见的种公畜和种母畜繁殖疾病；基本掌握种公畜和种母畜不孕不育症的诊断技术；加深对不孕、不育症发病机理的理解。

二、实习原理

通过问诊、视诊、触诊、直肠检查、阴道检查和实验室诊断等，对造成种公畜和种母畜不孕的原因做出正确的判断。

三、实习条件

1. 实验牧场 一定养殖规模的猪场、乳牛场、肉牛场、兔场等。
2. 器械与试剂 一次性长臂手套、绳子、保定架、阴道开张器、手电筒、盖玻片、载玻片、血细胞计数板、集精杯、显微镜、离心机、采血针头、采血管、长镊子、7mL试管、脸盆。
3. 试剂 热水、0.1%新洁尔灭。75%酒精棉球、95%酒精、液状石蜡、一次性输精管、姬姆萨染液。

四、实习内容及步骤

（一）母畜不孕症检查

1. 问诊 了解母畜的年龄、饲养管理情况、既往繁殖史和病史、母畜发情情况、种公畜情况、精液来源和配种技术等，以初步了解致病原因。

（1）询问不孕母畜在整个母畜群体中所占的比例，了解饲养管理情况，核实是否存在饲料霉变或营养不良等情况。

（2）了解母畜的发情周期是否正常。如果发情周期明显延长或缩短，可能是卵巢机能不全；如果长时间未观察到发情，则有可能是卵巢静止、萎缩或持久黄体引起的。

（3）询问过去已配过种的情期数以及每个情期的配种次数，以判断是否是种公畜的原因或人工授精配种技术的原因所造成的。

（4）若是已分娩过的母畜，询问最近一次分娩的时间与分娩的胎次及是否有胎衣不下的情况，以判断患病的严重程度。

（5）如果母畜年龄已达到老年，容易出现卵巢静止，则其不孕可能为衰老性不孕；若是青年母畜到性成熟后仍不发情,则有可能是先天性生殖器官发育不全或饲养管理上的不足造成的;若发情没有规律,则可能是卵巢炎或卵巢局部硬化造成的。

2. 视诊

(1)外部观察:观察母畜的个体发育情况和营养状况,太胖和太瘦都有可能造成母畜不孕,太胖容易造成卵巢囊肿,太瘦容易导致卵巢静止;观察外生殖道是否存在阴蒂过大等明显的异常;另外,观察外阴上是否挂有混浊灰色分泌物以初步判断是否有阴道炎或子宫炎症。

(2)阴道检查:用0.1%新洁尔灭浸泡阴道开张器,再用75%酒精棉球消毒,涂上液状石蜡;母畜外阴用0.1%新洁尔灭清洗消毒。检查时右手持开张器,左手拇指和食指将阴唇分开,将开张器合拢后缓慢插入家畜阴道,轻轻转动开张器,使其两片呈扁平状态,最后压紧两柄使其完全张开,借助手电筒的光线进行观察。若子宫颈口紧闭而阴道内有分泌物,母畜患有阴道炎;若子宫颈口开张且有分泌物流出,则为子宫炎或子宫内膜炎。

此外,通过分析阴道分泌物颜色和形状进行评分,也可进行诊断。分数愈高,表示炎症愈严重(图X9-1)。

3. 直肠检查 直肠检查法一般只适用于牛、马、驴等大家畜,且需要操作人员具备较好的直肠检查技术。在直肠检查过程中,当母畜出现强烈努责、将手掌向外排挤时,手掌切勿用力往前硬推,以免造成损伤;此时,可由辅助人员掐捏、按压母畜背部以减轻其努责。

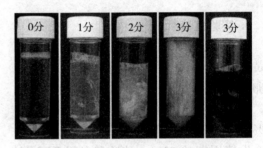

图X9-1 牛阴道黏液检查评分标准
(Sheldon et al,2006)
(0分:清亮、半透明 1分:有白色或灰白色脓块
2分:白色或灰白色黏脓性物≤50% 3分:白色、
黄色、甚至是血色脓性物≥50%)

(1)检查子宫:将手腕伸入直肠后,手掌下压,左右抚摸,可触摸到骨盆腔底上有一纵向似棒状物,即为子宫颈。用手指捏着子宫颈,顺着子宫颈向前摸索即可摸到两个圆柱形并向下弯曲的圆筒状物,即为子宫角。未孕母畜正常子宫角左右侧弹性、大小应当基本相同,若一侧子宫角增大、弹性降低,则该侧可能患有子宫炎;若两侧子宫角明显变大变硬,则两侧均有可能发生炎症。

此外,经直肠挤压子宫、促使其排出分泌物,按图X9-2所示标准,也可评定子宫炎症并进行量化分析。正常牛子宫黏液清亮、透明,给0分;异常牛特别是炎症较重的牛子宫黏液呈白色乳浊样或有血色块,分别给3分或4分。

为了方便取样,新西兰开发了子宫分泌物取样器,并配备若干探头,每取一样,可更换探头,使用比较方便(图X9-3)。

(2)检查卵巢:沿子宫角的弯曲部向外侧下行,可摸到左右卵巢,用拇指和食指捏住卵巢以测定其大小、形状和质地。若卵巢上有一个体积很大的卵泡,可能为卵泡囊肿;若卵巢体积明显增大,其全部或大部分变软有弹性,但母畜长期不发情,则为黄体囊肿。

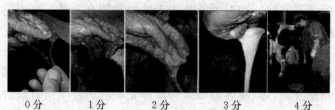

评分	症状	诊断结果	是否需要治疗
0分	黏液清亮或无黏液	健康	不需要
1分	浑浊或带血，斑点状脓	健康	可净化或自愈
2分	<50%脓，有异味，可能发烧	中等	需要治疗
3分	>50%脓，有恶臭，发烧	中等	需要治疗
4分	红棕色水样分泌物，有恶臭，发烧	严重	必须立即治疗，局部＋全身

图 X9-2　牛子宫黏液评分标准与子宫炎症诊断依据
（宋亚攀　供图）

4. 实验室诊断

（1）测定孕酮水平：根据家畜发情周期中黄体的生长规律可将一个发情周期依次分为卵泡期、黄体生长期、黄体期和黄体消解期。其中，卵泡期约占整个发情周期的20%，该阶段的孕酮含量最低；黄体期约占整个发情周期的60%，该阶段的孕酮含量最高；而黄体生长期和消解期的孕酮含量相当且介于前两者之间。

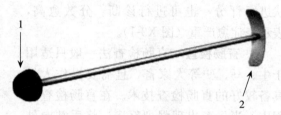

图 X9-3　牛用子宫黏液取样器
1. 探头　2. 手柄
（宋亚攀　供图）

将家畜保定后，用酒精棉球擦拭采血部位（如猪的耳背、牛和马的颈部），用专用采血针头和采血管收集静脉血，静置后用离心机分离血清，将血清送检测定孕酮含量，若孕酮水平不符合上述卵泡期、黄体生长期、黄体期和黄体消解期孕酮变化的规律，则说明该母畜卵巢机能异常。

（2）牛、马子宫内膜炎快速诊断法：用长镊子从牛或马子宫颈口采集米粒大小的分泌物，加入试管内，再加蒸馏水 4～5mL 混合煮沸 0.5～1min，若煮沸的液体浑浊，且有小泡沫状或呈大小不等的絮状物浮于液体表面或黏附于管壁，则母牛或母马患有化脓性子宫内膜炎。

（3）猪子宫内膜炎实验室诊断：用一次性输精管采集子宫颈口外的黏液进行涂片，用95%的酒精固定，姬姆萨法染色后，在油镜下进行白细胞计数。检查 100 个视野，若白细胞数量少于 10 个判为阴性；白细胞数量在 11～30 个判为轻度炎症；数量在 31～80 个判为中度炎症；若白细胞数量多于 80 个则判为严重炎症。

（4）抗精子抗体检测：采集母畜血清，将血清按 1∶8 稀释后，取精子活力达 0.9 的公畜新鲜精液用磷酸盐缓冲液稀释至 0.4 亿个/mL。将稀释后的精液和血清等体积混合后转至试管，37℃孵育 6h，若在管中出现白色絮状物，表明精子与其抗体发生凝集反应，若无絮状物而只有沉淀出现，则反应呈阴性。

（二）种公畜的不育症检查

1. 问诊 了解种公畜的年龄，以往是否有生殖系统的病史，特别要了解有无慢性消耗性疾病或全身发热性疾病史。询问与配母畜年龄、胎次、发情、复配及受孕等情况，以判断种公畜出现繁殖性疾病的时间及严重程度。

2. 视诊和触诊

（1）一般体况检查：观察种公畜的膘情、体型和精神状况，查看是否有遗传缺陷、营养状况异常（太胖或太瘦）及腰腿疾患。

（2）性反射链检查：将种公畜牵（赶）至发情母畜旁，根据其性反射链（性兴奋→求偶→爬跨→交配→射精）是否完整及表现是否良好进行评定。如果性反射很弱或性反射链不完整，则说明种公畜性机能较差，应从饲养管理和种公畜健康状况分析可能存在的问题；若种公畜表现出旺盛的性欲但爬跨有困难，则该种公畜可能存在腰腿方面的疾患。

（3）生殖器官检查：视诊和触诊阴囊、睾丸、包皮和阴茎等有无异常表现。观察包皮是否肿胀、脱垂（图 X9-4）、外翻或损伤，包皮腔有无异物或积液，包皮口有无分泌物排出。检查阴茎是否短小、有无破损、脱垂，观察包皮与阴茎间有无粘连，是否已形成嵌顿包茎（图 X9-5）。触摸比较两侧阴囊的充盈度、对称

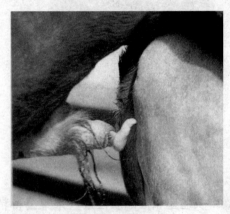

图 X9-4 牛包皮脱垂

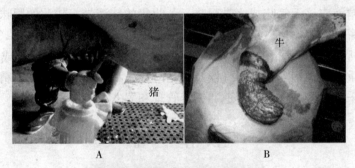

图 X9-5 异常的动物阴茎
A. 短阴茎（猪） B. 短阴茎（牛）
C. 阴茎破损引起的阴茎出血和采精与交配困难（猪）
(Roger W et al，2003)

性及悬垂的程度，检查阴囊皮肤有无破损和肿胀，囊腔内是否有肠管等异物（阴囊疝，图X9-6）。触诊检查睾丸、附睾的大小和坚实度，精索的粗细，有无囊肿（图X9-7）、硬结或血管扩张，检查是否为单侧、双侧隐睾（无法触摸到睾丸）。

图X9-6 阴囊疝（猪）

图X9-7 睾丸炎引起的睾丸肿大（牛）

3. 实验室精液品质检查 采集公畜精液，检查其气味、颜色、精子活力、精液量、精子密度是否正常，具体步骤见"实验六精液品质常规评定"。

正常的公畜精液应该无气味或略带腥味，若收集的精液带有较浓的腥味，说明精液中混有脓液，则该公畜可能有炎症。正常的公畜精液颜色应该是灰白或乳白色（依公畜精液密度的不同其颜色有所不同），若精液呈现淡红或暗红色，则该公畜可能龟头或生殖道出血。若精子活力差，应重点考虑饲养管理、气候及采精时混入积尿等因素。若射精量过少或精子密度过低，应考虑采精过频、性机能衰退、饲养管理和睾丸炎等因素。

五、作 业

依据所检查的病例，写出实习报告，说明诊断的依据和结论，提出防治措施。

六、思 考 题

（1）引起母畜不孕的因素有哪些？生产实践中如何进行诊断？
（2）种公畜不育的检查方法有哪些？

（幸宇云 编）

实习十　种畜禽场畜禽繁殖效率评定

一、实习目的及要求

　　了解乳牛场、肉牛场、种猪场、种羊场、种鸡场、种鸭场、种兔场等牧场的繁殖效率，学习先进的动物繁殖管理技术措施，掌握繁殖管理方法，加深对动物繁殖生物学特性的理解，加强对提高动物繁殖效率的重要性的认识。

二、实习原理

　　动物繁殖由两性决定。雄性动物在出生后，生殖细胞可以再生，所以繁殖效率高。雌性动物在胚胎期虽然有原始生殖细胞数十万个，但随着年龄的增长，生殖细胞不断凋亡，所以生殖细胞的利用率较低。因此，在一定程度上，繁殖效率的高低取决于雌性动物的繁殖效率或繁殖利用年限。

　　动物繁殖能力与年龄有关，特别是多胎或多产动物，这种现象更加明显。例如，蛋鸡随着年龄的增长，年产蛋量下降；母猪的产仔数也与年龄或胎次有关。因此，调整牧场畜群年龄结构比例，可以提高繁殖率。此外，气候环境、疾病流行、饲养管理水平、繁殖新技术推广应用等因素，也可影响繁殖力。因此，评估畜禽繁殖效率对于分析影响繁殖力的因素，进而制订提高繁殖力的技术或管理措施有重要意义。

　　为了提高繁殖力，必须有繁殖记录资料，并要根据繁殖力指标的基本概念和计算方法进行分析、整理，以便用于指导生产。此外，评定繁殖效率一般以群体为依据，每一个体的记录服从群体分布，即通过分析所有个体的繁殖记录，提出提高整个畜群繁殖力的管理措施。

三、实习条件

1. 实习牧场　生产记录特别是繁殖记录较全的乳牛场、肉牛场、种猪场、种羊场、种鸡场、种鸭场、种兔场等任意一个规模化牧场。
2. 生产记录材料　发情记录、配种记录、分娩记录、幼畜培育记录、出栏记录等。
3. 器械　电脑或计算器。

四、实习内容及方法

（一）资料收集与核实
1. 资料收集　不论所饲养的是何畜种，几乎所有规模化牧场均应有试情、发情、配种、妊娠诊断、流产、分娩、助产、幼畜培育等与繁殖有关的记录。在大部分牧场，这些记录合并成几个记录,但应包含上述信息,甚至还包括幼畜出生、生长发育、系谱等记录。

2. 资料核实　上述资料收集后,用 Excel 格式录入电脑,或直接拷贝。先用排序方式,分析最大或最小数字的可靠性,确定数据记录的准确性或真实性。记录或录入最易出错的,是小数点。例如,犊牛出生重变成"458kg",这是不可能的,显然是记录或录入错误。如果记录显示某母畜个体产仔(犊)间隔相差几个妊娠期,则应分析其他记录(是否屡配不孕、或长期不发情等),必要时询问饲养员,核对编号等。

(二) 资料分析

1. 多胎或多产动物分析　多胎或多产的动物,妊娠期一般较短(如猪和羊),甚至没有(如禽类,可在体外孵化),所以繁殖率是指种群中每一个体平均产生下一代的个体数,如窝产仔数、窝产羔数,有时也用一个个体在单位时间内产生的个体数来表示,如年产羔率、年产仔数等。这些指标与发情、排卵、配种、受胎、妊娠期、分娩等因素有关。

2. 单胎动物繁殖力分析　单胎动物的妊娠期一般都较长,如黄牛 284d、河流型水牛 305d、沼泽型水牛 330d、马 340d,一般每个个体在一个自然年最多只能生产一个后代。因此,评定这些动物的繁殖力,常用年繁殖率(一般低于 100%)、产犊(驹)间隔表示。

3. 所有动物都必须考虑的繁殖力指标　无论单胎还是多胎动物,不管妊娠期长短,都必须分析的繁殖力指标有:初情期(或开产日龄)、发情率(分娩后)、分娩至第一次发情排卵的间隔天数、适宜配种期、情期受胎率、分娩至受胎配种的间隔天数、配种指数、流产率、难产率、胎盘滞留率、分娩启动至胎儿排出期、胎儿产出至胎盘排出间隔期、产仔数、成活率等指标。

五、作　业

(1) 依据实习牧场提供的记录资料和实习期所观察到的畜禽繁殖现象,写出牧场繁殖分析报告,提出提高牧场畜禽繁殖力的技术措施。

(2) 依据方便记录、记录可靠的原则,设计新的记录表格或改进现有记录表格。

六、思　考　题

(1) 影响畜禽繁殖效率的主要因素有哪些?

(2) 如何提高家畜、家禽的繁殖效率?

(潘庆杰　董焕声　编)

参 考 文 献

陈大元.2000.受精生物学——受精机制与生殖工程[M].北京：科学出版社.
陈大元，宋祥芬，段崇文，等.1992.几种哺乳动物精子顶体膜囊泡形成的研究[J].动物学报（1）：60-63.
陈大元，宋祥芬，赵学坤，等.1989.大熊猫精子体外获能和异种穿卵的超微结构研究[J].中国科学（B辑）（6）：598-601.
冯怀亮，杨庆章，秦鹏春，等.1992.牛精子体外获能前后超微结构的研究[J].兽医大学学报（3）：237-241.
桂建芳，易梅生.2002.发育生物学[M].北京：科学出版社.
侯振中，李守君.1994.中国荷斯坦奶牛胎膜形态学的观察[J].黑龙江畜牧兽医（12）：9-10.
李福昌.2009.兔生产学[M].北京：中国农业出版社.
刘洋.2007.东北虎（*Panthera tigris altatica*）电刺激采精及冻融前后精子超微结构研究[D].哈尔滨：东北林业大学.
卢惠霖，卢光琇.2001.人类生殖与生殖工程[M].河南：河南科学技术出版社.
马仲华.2004.家畜解剖学及组织胚胎学[M].3版.北京：中国农业出版社.
潘寿文，方建强.2011.母犬发情和适时配种的技术鉴定[J].中国工作犬业（4）：9-10.
秦鹏春.2001.哺乳动物胚胎学[M].北京：科学出版社.
沈留红，杨庆稳，曹随忠，等.2013.德国牧羊犬精子超微结构及超低温冷冻对精子超微结构的影响[J].中国兽医学报，33（6）：944-949.
施力光，荀文娟，岳文斌，等.2010.山羊精子发生不同阶段的显微与超微结构观察[J].激光生物学报，14（4）：488-494.
史文清，王梁，商业，等.2010.马鹿冻精解冻后精子超微结构观察[J].中国畜牧杂志，46（19）：30-33.
田秀娥.2012.动物繁殖学实验实习指导[M].北京：中国农业出版社.
王锋.2005.动物繁殖学实验教程[M].北京：中国农业大学出版社.
王前，马玉斌.1995.关中驴精子超微结构的观察[J].西北大学学报（46）：86-91.
杨公社.2003.猪生产学[M].北京：中国农业出版社.
杨利国.2003.动物繁殖学[M].北京：中国农业出版社.
杨利国.2010.动物繁殖学[M].2版.北京：中国农业出版社.
杨宁.2010.家禽生产学[M].2版.北京：中国农业出版社.
衣闻闻，全灿，金君素.2011.高效液相色谱法同时测定牛肉组织中6种类固醇类激素类药物[J].化学分析计量，20（3）：26-29.
于鸿浩，赵新全，尤进茂.2011.藏羚粪便中类固醇激素的高效液相色谱分析[J].安徽农业科学，39（21）：12 881-12 883.
昝林森.2007.牛生产学[M].北京：中国农业出版社.
张居农.2001.高效养羊综合配套新技术[M].北京：中国农业出版社.
张习艺，邱忠权.1992.高效液相色谱法定性测定牦牛被毛和血浆中的类固醇激素[J].西南民族学院学报，18（1）：60-68.

赵有璋. 2011. 羊生产学 [M]. 3 版. 北京：中国农业出版社.

周建科，张前莉，韩康，等. 2007. 中老年奶粉中双酚 A 和己烯雌酚的反相高效液相色谱测定 [J]. 食品工业科技（2）：233-234.

朱士恩. 2011. 家畜繁殖学 [M]. 5 版. 北京：中国农业出版社.

Roger W Blowey, A David Weaver. 2003. 牛病彩色图谱 [M]. 2 版. 齐长明，主译. 北京：中国农业大学出版社.

Sheldon I M, Lewis G S, LeBlanc S, et al. 2006. Defining postpartum uterine disease in cattle [J]. Theriogenology, 65 (8): 1 516-1 530.

Bowen R A. Vaginal Cytology: Introduction and index [EB/OL]. [1998-04-11]. http://arbl.cvmbs.colostate.edu/hbooks/pathphys/reprod/vc/index.html.

图书在版编目（CIP）数据

动物繁殖学实验实习教程/杨利国主编.—北京：
中国农业出版社，2015.2（2024.2重印）
　普通高等教育农业部"十二五"规划教材　全国高等
农林院校"十二五"规划教材
　ISBN 978-7-109-20067-8

Ⅰ.①动…　Ⅱ.①杨…　Ⅲ.①动物－繁殖－实验－高
等学校－教学参考资料　Ⅳ.①S814-33

中国版本图书馆CIP数据核字（2015）第006953号

中国农业出版社出版
（北京市朝阳区麦子店街18号楼）
（邮政编码100125）
责任编辑　何　微
文字编辑　马晓静

中农印务有限公司印刷　新华书店北京发行所发行
2015年2月第1版　2024年2月北京第5次印刷

开本：787mm×1092mm 1/16　印张：10
字数：235千字
定价：26.50元

（凡本版图书出现印刷、装订错误，请向出版社发行部调换）